实用**服装裁剪制板**
与**成衣制作实例**系列

U0276130

裁剪补正
技术篇

CAIJIAN BUZHENG
JISHU PIAN

王晓云　等编著

化学工业出版社
·北京·

《裁剪补正技术篇》主要介绍了服装弊病产生的原因、服装弊病裁剪补正技术，并且列举了大量服装裁剪补正实例。本书从服装基本结构裁剪补正原理出发，系统、详尽地对服装裁剪补正原理进行了分析和讲解，归纳总结出一套原理性强、适用性广、科学准确和易于学习掌握的裁剪补正方法与技术，能够很好地应用于各种服装弊病的补正及特殊体型的板型修正，还加入了大量实例，包括数百款衣领、衣袖、肩部与胸背部、上衣、连衣裙、西服裙、裤子、西服套装以及特殊体型服装的裁剪补正实例，方便读者阅读和参考。

本书条理清晰、图文并茂，是服装高等院校及大中专院校的理想参考书；同时由于实用性强，也可供服装企业技术人员、广大服装爱好者参考。对于初学者或是服装制板爱好者而言，不失为一本实用而易学易懂的工具书，还可作为服装企业相关工作人员、广大服装爱好者及服装院校师生的工作和学习手册。

图书在版编目（CIP）数据

裁剪补正技术篇/王晓云等编著．—北京：化学工业出版社，2017.4
（实用服装裁剪制板与成衣制作实例系列）
ISBN 978-7-122-29255-1

Ⅰ．①裁…　Ⅱ．①王…　Ⅲ．①服装量裁　Ⅳ．①TS941.631

中国版本图书馆 CIP 数据核字（2017）第 048138 号

责任编辑：朱　彤　　　　　　　　　　文字编辑：王　琪
责任校对：宋　夏　　　　　　　　　　装帧设计：刘丽华

出版发行：化学工业出版社（北京市东城区青年湖南街 13 号　邮政编码 100011）
印　　刷：三河市延风印装有限公司
装　　订：三河市宇新装订厂
787mm×1092mm　1/16　印张 11¼　字数 272 千字　2018 年 2 月北京第 1 版第 1 次印刷

购书咨询：010-64518888（传真：010-64519686）　售后服务：010-64518899
网　　址：http://www.cip.com.cn
凡购买本书，如有缺损质量问题，本社销售中心负责调换。

定　价：39.80 元

前　言

　　《实用服装裁剪制板与样衣制作》一书在化学工业出版社出版以来，受到读者广泛关注与欢迎。在此基础上，编著者重新组织和编写了这套《实用服装裁剪制板与成衣制作实例系列》丛书。

　　本分册《裁剪补正技术篇》是该套《实用服装裁剪制板与成衣制作实例系列》分册之一。本书从分析原型与服装基础型补正原理及方法入手，依次介绍衣领、衣袖、肩部与胸背部的构成原理与补正方法，并且通过对连衣裙、旗袍、西服裙、裤子与西装的纸样补正实例进行分析，使读者全面理解和掌握服装纸样的补正原理和方法，同时以连衣裙为例重点阐述了裁剪、假缝、弊病补正及缝制的整个流程及关键部位补正缝制技巧。书中列举了数百款有代表性的衣领、衣袖、肩部与胸背部的补正实例，图文并茂，以便读者能够更好地理解本书介绍的原理方法与技巧。

　　本书共分为八章，具体内容如下：第一章绪论，主要介绍了服装质量检查、服装弊病的产生、服装弊病修正步骤与补正符号；第二章体型分类与原型补正，介绍了体型特征与人体测量、特殊体型的分类与图示、特殊体型的观察与量体及原型补正；第三章服装结构补正原理，讲解了衣领结构补正原理、衣袖结构补正原理、肩部结构补正原理及胸背部结构补正原理；第四章服装基础型补正原理，主要介绍了上衣基础型补正及下装基础型补正；第五章连衣裙补正，讲解了连衣裙的裁剪、假缝、弊病补正、实缝及旗袍式连衣裙弊病补正；第六章西服裙纸样补正，主要介绍了西服裙常见弊病补正及特体西服裙的纸样补正；第七章裤子纸样补正，主要讲解了裤子常见弊病补正及特体裤子弊病补正；第八章西服套装纸样补正，重点讲解了女西服上衣样板补正、女西服套装裤子样板补正、特体男西装的纸样补正及衡量西装合体的标准。

　　本书由王晓云、李亚滨、刘红娈、李晓志、王小波编著，由王晓云负责组织和编写。具体写作分工如下：第一章至第四章由王晓云、李亚滨编写；第五章和第六章由王晓云、刘红娈编写；第七章和第八章由王晓云、王小波编写。参加绘图工作的人员有宋瑞雪、白洁、王小菊、刘宇、夏梦蝶、赵娜娜和朱蕴秋等。

　　本书在编写过程中得到了徐东教授等众多专家及化学工业出版社相关人员的大力支持，在此深表感谢。由于时间所限，本书尚存有不足之处，敬请广大读者批评指正。

编著者

2017 年 9 月

目　录

第一章　绪　　论

服装弊病补正是服装制作中的一大难题，无论是初学者，还是具有一定经验的人，在服装制作过程中稍有不慎都会导致服装弊病的产生。因此，对服装弊病的补正具有十分重要的意义。本章将简要讲述服装弊病产生的原因，研究服装弊病补正的意义、服装弊病鉴定的依据和方法等内容。

第一节　服装质量检查

服装品质是服装的内在质量和外观质量的综合体，它是产品的最终追求目标。在服装产业中，品质是反映在消费者身上，而质量是要落实在产品本身。例如服装的规格尺寸、面辅料的成分含量、服装的色彩和款式、服装加工技术以及安全、功能方面的检验都要达到一定的标准，才能保证产品质量过关，使服装品质显现。服装产品质量的优劣，不仅与其穿着的舒适性有关，更影响其美观程度。在如今追求速度的市场环境下，想要找到一件完全适合自己的服装已经变得不容易，标准身材的人有这样的想法，特殊体型者更是择衣难，因此定制的优点就完全显现出来。在工业化生产中，质与量有时只能二选一，但是能够做到的是：在定制服装质量的一个前提下，对制品的合体程度和加工质量进行全面检验，让服装质量有一个整体提升。以下分别介绍上衣和下装外观质量和内在质量的检查标准。

一、上衣外观质量检查

上衣外观质量检查如下。

（1）前胸部位检查　胸部饱满，丝缕顺直；胸省两旁不起鼓包、无褶皱。

（2）后背部位检查　后领窝平服，衣身无斜向褶皱，底边不起翘。

（3）领和驳头部位检查　领子须挺括、平服，驳口顺直，不荡开，驳头窝服。领角、驳角左右对称，驳口线要齐整，翻领紧密覆合在衣身上，不露出底领。

（4）袖子部位检查　绱袖时要求袖山对上袖窿对位记号点，左右两袖装袖位置要一致，缩缝量相同。装袖后袖子要前圆后登，袖山饱满，整体有略微前倾之势。

二、上衣内在质量检查

上衣内在质量检查如下。

（1）前胸部位检查　前片要归进，胸衬黏合后不松不紧。

（2）领和驳头部位检查　领衬裁剪精确，底领归顺，领面和驳头吃势均匀，装领时领口不拉回。

（3）袖子部位检查　袖山大小和袖窿相符，丝绺顺直，偏袖缝上段 10cm 处不拉回，袖子注意归拔。

（4）口袋部位检查　口袋位置要准确，车缝明线宽窄相同，注意对条对格。

三、下装外观质量检查

下装外观质量检查如下。

（1）裤缝部位检查　无吃势、无褶，不紧不松，左右一致。

（2）裤口和裙边部位检查　左右裤口大小一致，裙边圆润、直顺。卷边宽窄相同，略微上翘。

（3）口袋部位检查　袋里不外露，袋口平服，封口齐整。

（4）门襟部位检查　门、里襟的弯度圆顺，长短一致，宽窄均匀。

四、下装内在质量检查

下装内在质量检查如下。

（1）裤缝部位检查　车缝时，必须将前后两片对齐，线迹齐整直顺，不松不紧、不弯曲。

（2）口袋部位检查　袋止口缉线齐直，宽窄一致，车缝侧缝是要略微拉直袋口，防止出褶。

（3）门襟部位检查　车缝时注意弧度，圆顺，平滑。

五、服装质量检查步骤

服装质量检查步骤如下。

（1）正确穿衣　穿衣是每个孩童必先学会的最基础技能之一，在生活中，作为一个成年人，如果不会穿衣，那么必定遭人耻笑。然而事实上，很多服装弊病的产生就是因为穿衣的不正确而造成。不是因为不会穿，就是由于一时的马虎而产生了外观上的弊病。那么如何正确地穿衣呢？穿着者站立在试衣镜前 1m 左右的位置，双手向后伸，服务者双手握住衣服领襟处，帮助穿着者顺利穿上衣服后，穿着者以自然状态站立，服务者从前面上提领襟，使衣服顺直、平服，自然贴合人体，然后将纽扣扣上。此时的状态就是最佳的状态，不需要去过度拉扯服装，以舒适为主。

（2）全面观察　旁观者相当于一名观察员，在服务者和穿着者完成服装穿着之后，便可进行全面观察并做好记录。观察分为两个部分：一是观察服装的外观，按照从上到下、从前到后再到侧面的顺序观察，首先观察衣领、肩部，然后观察前胸、腰部，接着观察后背、底摆，最后观察衣袖、侧缝，从而找出外观上的弊病；二是观察穿着者的体型，按照正面、背面、侧面的顺序观察，观察穿着者的肩部、胸部、背部、腹部、臀部、腿部等，以便确定穿着者的体型特征。

（3）分析原因　按照观察的结果发现，原因分为两个部分：一是服装方面，服装制版、裁剪是否正确，是否符合人体体型特征；缝制技术是否到位，是否考虑到面辅料的特性；后处理（熨烫）是否规范；二是穿着者方面，考虑到内搭衣服的多少，造成围度、长度的变化，这是一个整体性的变化，还有局部性的，比如穿高领影响领围变化、穿胸罩影响胸围变化等；还要考虑到穿着者本身体型是否特殊，是否有别于标准体，准确找到各种原因并进行分析。

（4）审慎补正　通过粗略的观察得到的结果相对而言不够准确，因此在补正时需要审慎进行，不可直接把衣服拆了，或加或减，以免造成更大的弊病。所以，在实际的补正中需要借助人台，可以相对精确且省力地进行补正。

结构上的弊病正是研究的要点，修正时，首先把服装套在人台上，或者是直接穿在人体上，手动进行一些补正（类似立体裁剪），多运用大头针，看是否可以消除弊病。如果弊病消除了，那代表采用的方式正确，如果弊病没有消除，那就需要采取另外的方法。比如，可能需要拆缝线，用划粉标记，再进行手缝或者是用大头针别起来。之后，观察其外观，如弊病还未消除，则继续试验，如此反复，直到正确修正弊病。刚才的两种方法都还未用到剪刀，而实际补正中，对弊病部位可以进行修剪、熨烫，以达到令人满意的效果。

这个审慎补正的步骤是结构弊病修正的基础，通过一个粗略的补正，了解其弊病的基本情况，知道样板是需要折叠还是需要展开，为接下来的结构弊病修正奠定基础。

第二节　服装弊病的产生

一、服装弊病产生的原因

服装弊病是指服装上的毛病的总称，服装弊病可分为真实弊病和假象弊病两种。真实弊病是指服装本身所存在的毛病；假象弊病是指服装本身并无毛病，但因穿在人体上之后，由于受人体的原因如驼背体、挺胸体等不正常体型的影响，而造成服装不够合体的毛病。两种不同服装弊病其造成的原因分析如下。

（一）真实弊病产生的原因

1. 裁剪因素

服装结构设计、裁剪不合理，是产生服装真实弊病的主要原因之一。服装制板裁剪是一项技术性要求很强的工作，不但要求制作者掌握服装制板的操作方法，而且还要具有一定水平的实际操作能力，这两者缺一不可，否则，服装就会产生真实弊病。若量体的操作不正确时，导致量体数据或放松量的不准确，直接影响服装的合体性和外形的美观性。又如，画样时要求排料合理，避开原料上的疵病，比例要准确，计算公式要正确，计算数据要精确，画线要圆顺、顺直、清晰，各种标记要清楚、明确等。只有严格按质量要求完成各环节的工作，才能制作出一件完美的服装。如果板型设计或裁剪操作其中任何一个环节出现质量问题，都会直接影响下一环节或整件服装成品的质量，甚至造成不可弥补的损失。服装之所以会出现不合体等弊病，主要原因是结构设计不合理或裁剪操作有误。

2. 缝制因素

有一些服装弊病是在缝制熨烫过程中产生的，若掌握不好手针的使用方法和各种针法及工艺，不掌握缝纫机的使用方法和车缉各种缝的方法及缝边的处理方法等，都会直接影响服装内在做工的质量，甚至会影响服装的外观质量，从而产生缝制和熨烫弊病。

（二）假象弊病产生的原因

1. 制作者的因素

在服装定制的情况下，使服装产生假象弊病的制作者因素一般出现在量体过程中，在量体时，由于服装制作者对被测量者的体态特征、款式要求、所用面料、穿着习惯等细节观察和了解得不准确，即使做出的服装没有真实弊病，当穿着者穿上服装后，就会发现服装出现了假象弊病。例如，年轻人系腰带的习惯部位与中老年人不一样，中老年人习惯将腰带系在腰部最细处的肚脐上下，年轻人则习惯将腰带卡在胯骨上，而且又往往要求裤子做得紧身合体。如果在量体时没有充分观察和考虑穿着者习惯的问题，还是按照常规量体方法测量腰围，即测量腰围时按照腰最细处水平围量一周，按此测量数据进行结构设计裁剪时，缝制的裤子穿在人体上后，年轻的穿着者习惯将腰带卡在胯骨上，致使裤腰下移、围度增大，从而产生腰围量不足、上裆过长、前后裆下落、裤长变长等不合体等假象弊病。

2. 穿着者的因素

服装穿着者是衡量一件服装有无假象弊病的唯一标准。成衣市场上的服装，一般是为了适应社会大生产需要，对同一种款式的服装生产多种规格的产品，从而形成号型系列。而绝大多数人的个体实际尺寸与服装号型规格不吻合，这些人购买服装时只能选择向上或向下靠档，即使是号型吻合，由于有些人体型上某一部位有特殊变化，如果从服装成衣市场上直接购买服装，穿着者穿上这些成衣就容易使服装产生假象弊病。

二、研究服装弊病修正的意义

服装弊病修正，不论是对初学者，还是具有一定技能或经验的人，都是一个难题。要想很好地解决这个难题，就需要对服装弊病产生的原因、规律进行深入的研究和探讨，从中积累经验，避免和减少服装弊病的产生。研究服装弊病的目的就是为了防止弊病的产生。所谓"防病"就是预防服装弊病的产生，也就是说服装制作者掌握了在哪些环节、步骤、部件、部位易出现哪些弊病，在制作过程中就会做到心中有数，引起高度的重视，从而防止此类弊病的产生。所谓"弊病修正"就是"治病救衣"。也就是说服装成品一旦出现弊病后，服装制作者能对服装产生的弊病进行正确、合理的修正，从而达到"治病救衣"的目的，从而使服装尽善尽美。一个服装制作者在对服装弊病的不断修正的过程中，会逐渐积累丰富的服装裁剪、缝制经验，经验积累得越多，服装弊病产生的可能性就会越少，其制作水平也会不断提高，制作技术不断娴熟，从而使服装成品的质量不断提高。

三、服装弊病鉴定修正的步骤

服装弊病进行鉴定的步骤可归纳为"一测、二查、三试、四修"。

（一）测量

一测是指测量，通过测量查找服装的真实弊病。测量主要包括两个方面的内容：一是检测服装成品规格；二是检测服装部位规格。

下面以上衣和裤子为例，介绍怎样查找有关服装成品规格和部位规格的弊病。

1. 上衣的产品规格测量

（1）上衣成品规格测量　主要测量包括衣长、胸围、领大、袖长、总肩宽五个主要部位规格是否与规格表的有关规定数据相符。

（2）上衣部位规格测量　上衣部位规格测量主要包括领子、肩部、门襟、口袋、袖子及底摆等部位。比如，领子是否对称，绱领线是否一致；两肩宽窄是否一致，肩襟长短、宽窄是否一致；肩省长短、肩缝高低是否一致；门襟是否对称，长短是否一致，袋位高低、左右是否有偏差，袋口大小是否一致；左右袖长短是否一致，袖口大小、折边宽窄是否对称，袖襟高低、长短是否有偏差，袖开衩长短是否对称；底摆里子折边宽窄是否一致等。

2. 下装的产品规格测量

（1）下装成品规格测量　下装主要分为裤子和裙子：裤子成品规格测量主要包括裤长、腰围、臀围、裤口等主要部位，检查裤子成品规格是否与规格表有关规定数据相符；裙子成品规格测量主要包括裙长、腰围、臀围等主要部位，检查裙子成品规格是否与规格表有关规定数据相符。

（2）下装部位规格测量　裤子需查找弊病的部位主要包括腰头、门襟、省缝和口袋等。比如，检查腰头长短、宽窄是否一致；串带襻的位置高低、长短、宽窄是否合乎要求；门里襟长短、宽窄是否一致；前后省缝、褶是否对称，口袋盖大小、宽窄是否一致，袋位高低、前后是否一致。裙子需查找弊病的部位主要包括裙腰、门襟、省缝和口袋等。比如，检查裙腰长短、宽窄是否一致；前后省缝、褶是否对称，口袋盖大小、宽窄是否一致，袋位高低、前后是否一致。

（二）检查

二测是指采用目测，检查服装是否存在如下真实弊病。

1. 检查外观质量弊病

对服装外观质量易出弊病的主要部位，要进行重点检查。下面以上衣和下装为例，介绍查找服装外观质量弊病的步骤和内容。

（1）上衣弊病检查　查找上衣外观质量弊病的步骤是先前身、再后背、最后看侧面。前身检查包括：衣领是否平服，起翘是否适合，领窝是否平服；胸部是否饱满、挺括、伏贴；门襟是否平服、起翘，止口是否顺直、反吐；收腰是否自然，腰省是否顺直；大袋、手巾袋是否平服、方正、松紧适宜，袋位是否准确；衣摆是否平服、起翘。后背检查包括：后背是否平服，腰省是否平顺；背缝是否顺直；背衩是否平挺、直顺。侧面检查包括：肩缝是否顺直，肩部是否平挺、伏贴、起皱，是否略有翘势；肩省是否顺直；袖子是否圆顺、吃势均匀、前后适宜；衣摆是否顺直，袖底缝是否起吊等。

（2）下装弊病检查　下装弊病检查的步骤是先上、后下。上部检查包括：腰头是否平服、顺直；明线是否宽窄一致；止口是否反吐；串带襻位置是否准确；面里衬是否平服；门里襟是否平服、顺直，松紧是否适宜，明线是否顺直；侧袋、后袋、表袋袋口是否顺直、平服，松紧是否适宜，袋口封结是否整齐，袋垫布是否适合。下部检查包括：烫迹线、侧缝、中裆线是否顺直；两腿长短、大小是否一致；两脚口大小是否一致等。

2. 检查内在做工弊病

检查内在做工主要是查服装在缝制上的弊病。重点检查针迹、手工、里和拼接等。

（1）缝制检查　针迹、手工检查车缉和手工针迹密度和缝制要求是否符合有关规定。

（2）里子检查　上装主要检查面、里、衬是否松紧适宜；挂面是否顺直、平服、松紧适宜，底边里子折边是否宽窄一致，绷缝是否牢固、透针；里袋嵌线是否顺直，袋角是否整齐，封结是否牢固。下装主要检查下裆缝是否对齐、顺直、起吊；下裆缝和后缝的交叉处是否平直；下裆缝处是否起吊。

（3）拼接检查　检查表面和非表面拼接是否符合所允许的拼接范围。

（三）试穿

三试是指试穿，将服装穿在人体上或人台上，采用目测法，重点查找服装的假象弊病，同时复查服装的真实弊病。具体方法是：要求穿着者自然直立站好，不可弯身、探视，由检查者按先前面、再后面、最后看侧面的顺序进行。其检查部位及项目请参照"查外观质量弊病"。

（四）修正

四修指弊病修正，如果弊病原因是缝制过程造成的，就需要利用缝制的方法来解决，如果是纸样结构方面的弊病，就需要通过修改纸样来解决，本书主要讲解纸样结构及板型的弊病修正。详细内容参考后面的章节。

第三节　服装弊病修正步骤与补正符号

服装弊病修正步骤如下。

一、服装弊病观察

让被观察者正确穿着服装，然后全面认真地观察服装在静止状态和活动状态时弊病的具体位置和程度，并且细致记录下来。

（1）观察服装外观形态。按前面、后面、侧面的顺序进行，具体顺序是：领子部位→肩胸部位→前身部位→衣袖部位→后身部位→侧身部位。

（2）观察穿着者的体型。按正面、背面、侧面的顺序进行，将观察到的体型类别与服装外观形态加以比较。

二、服装弊病分析

具体分析内容如下。

（1）服装裁片结构是否符合穿着者体型。

（2）缝制是否违反操作规程，面辅料搭配是否合理等。

（3）由于某些服装弊病产生的原因比较复杂，有时发生在某部位，而造成弊病的起因却在其他部位。因此，不能孤立地看问题，要从位体出发，从各部位的相互联系上寻找起因。

（4）是否存在由于季节原因，穿着者内套衣服的厚薄不同而造成围度和长度的变化。

（5）穿着者某些部位的穿着有否变化，如量体时穿低领毛衫，而试衣时却穿高领毛衫等。

三、服装弊病修正

修正服装弊病时，如何确定修正部位和修正全体是一项技术性很强的工作，不能轻易地拆开缝线或剪掉衣片某个部分，这样做不仅浪费工时，还会形成无法修正的新弊病。应该根据弊病产生的原因确定修正方案，也就是在与弊病相关的裁片上进行取舍。

具体步骤如下。

（1）将服装穿在人体或人体模型上，试着用大头针别、用手提拉等形式，看能否消除弊病。如果能消除，说明分析是正确的，反之则需要重新分析。

（2）拆开弊病部位的缝线做好记号在裁片上修正，然后用大头针别或进行假缝，观察外观形态，如弊病确已消除，便可进入实缝阶段，如效果还不理想，可拆掉缝线再进行修正，直至满意为止。

（3）按假缝的处理形式对弊病部位进行实缝、熨烫，剪掉多余缝份，穿在人体上审视修正效果。

四、服装弊病补正符号

发现服装弊病后，应及时做出标记，要使用统一的符号，以方便上下工序的技术交流。在服装行业中，女装习惯用大头针别、男装习惯用画粉做出各种符号，但两者混合使用较为方便。补正符号含义如下。

（1）改短　沿衣缝边画横线或用大头针横别，表示改短。改短多少，别多少。

（2）放长　在横线或横针中间加两根垂直线（或针）表示放长，横针与衣缝边的距离表示放长多少。

（3）改小（改瘦）　平行衣缝边画短线或别大头针，表示改小。改小多少，画（别）多少。

（4）放大（改肥）　平行衣缝边画粗线，再加画两条竖线或平行直别两针、加别横针一枚，表示放大。放大距离以立线或第一枚直针距离衣缝边的大小为准。

（5）升高　在衣缝两侧上下各画一短横线或上部先别两横针、另一侧下方别一横针，表示升上。两条画粉线间或上下针的间距为升高距离。

（6）降低　与升高方法相反，上下针的间距即为降低的距离。

（7）拔开　三条直角线并列相套或别两针，针尾并拢，针尖分开表示拔开。

（8）归拢　两三条弧线互相套合或别两针，针尖并拢，针尾分开表示归拢。

（9）除去　两条交叉线段或别交叉两针表示除去，也表示减少肩垫厚度等。

（10）增加　画两条平行线或别两个平行的大头针表示增加，如加缉明线、加褶皱等。

（11）凸出　在身体凸势处，如背部脊骨、驼背部位等处画一圈，表示此部位凸出。

（12）归正　有些裁片布丝不正，用曲折线表示该部位用熨烫工艺将丝缕归正。图1-1所示为女装补正符号，图1-2所示为男装补正符号。

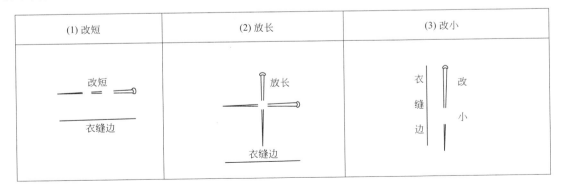

图 1-1

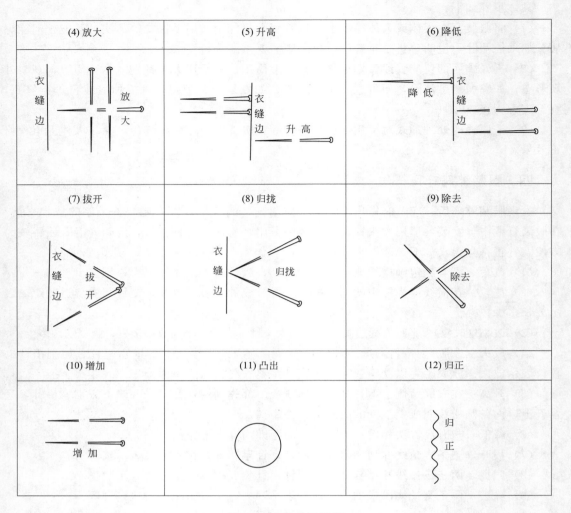

(4) 放大	(5) 升高	(6) 降低
衣缝边 放大	衣缝边 升高	降低 衣缝边
(7) 拔开	(8) 归拢	(9) 除去
衣缝边 拔开	衣缝边 归拢	除去
(10) 增加	(11) 凸出	(12) 归正
增加		归正

图 1-1　女装补正符号

(1) 改短	(2) 放长	(3) 改小	(4) 放大
改短	放长	改小	放大

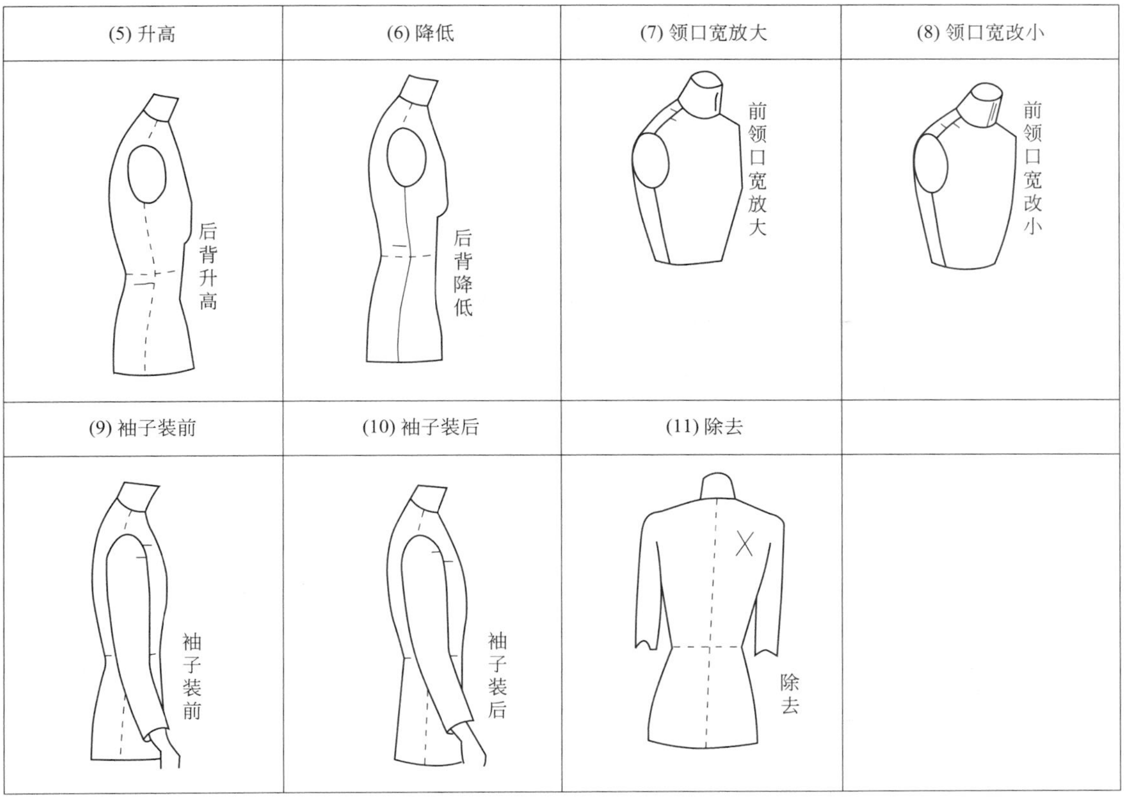

(5) 升高	(6) 降低	(7) 领口宽放大	(8) 领口宽改小
后背升高	后背降低	前领口宽放大	前领口宽改小

(9) 袖子装前	(10) 袖子装后	(11) 除去	
袖子装前	袖子装后	除去	

图 1-2　男装补正符号

第二章　体型分类与原型补正

　　服装作为人体最基本的包装，它产生和存在的先决条件是人体，人体体型直接或间接地影响服装造型。在进行服装款式设计和结构制板时，人们既要考虑造型、颜色等诸多审美因素，又要考虑这些因素与人体本身的适应程度，更要考虑服装框架结构是否符合人体要求。本章从体型分类到原型纸样的修正进行了概括和讲解。

第一节　体型特征与人体测量

一、体型特征

（一）体型定义和分类

1. 体型定义

　　体型是对人体形状的总体描述和评定，在人类生物学、医学等各个领域中，对体型都有一定的研究。体型主要是由遗传决定的，另一方面，人体对环境变化的适应或者是其他行为之类的后天因素也会一定程度地影响体型。

　　人体是一个复杂的曲面体，对于不同的人，形体也不同，对相似的人体以某种标准进行归类，称为体型分类。体型是一个整体性的概念，表达了人体的整体特征，使千差万别的形体类别化。

　　体型的分类有多种方法，本书研究的主要是女西服的结构修正，因此对于体型仅以最简单的方式划分，即为标准体型和特殊体型。

2. 体型分类

　　（1）标准体型　标准体型即正常体型，就是生活中最常见的一种体型。以胸腰差来对体型进行分类是最普遍应用的一种方法，在国家号型标准分类中，男女体型均分为 Y、A、B、C 四大类。女装体型分类见表 2-1。

表 2-1　女装体型分类　　　　　　　　　　　　　　　　　　　　　　　　单位：cm

体型	胸围与腰围差	体型	胸围与腰围差
Y（理想体）	19～24	B（胖体）	9～13
A（标准体）	14～18	C（特胖体）	4～8

（2）特殊体型　特殊体型是异于常人的体型，一般以胸部、背部、腹部、臀部、肩部、腿部等几个部位的异常来划分种类。特殊体型的外形是由体型和体态两个因素决定的，体型一般为先天因素，体态一般为后天因素。因此特殊体型就是由于先天骨骼生长畸形以及后天不正确的习惯姿态共同形成的。

服装附着于人体，又来源于人体。服装与人体是密不可分的，如人体的长度和围度基本上控制了服装的号型规格；人体的活动规律又制约了各个部位松量的大小；人体体表的高低起伏制约着省缝的大小和方向；服装基本型实际上就是对标准人体的立体形态做出平面展开后获得的平面图形。服装的设计、制图、生产必须要以人体的基本形态为依据，所以平面结构设计人员必须要熟悉人体各个部位的形态结构及比例关系。

（二）与服装相关的静态人体

1. 人体凸点

人体凸点与服装结构制图有着非常密切的关系，处理好凸点部位的服装结构造型是非常关键的，为此首先必须了解与服装相关的人体凸点位置。在腰线以上，前面有胸凸和乳凸，后面有背凸和肩胛骨凸；在腰线以下，前面有腹凸，后面有臀凸。

2. 人体连接点

头与胸由颈来连接，胸与臀由腰来连接，臀与大腿由大转子来连接，大腿与小腿由膝关节来连接，小腿与足由踝关节来连接，肩与上臂由肩关节来连接，上臂与前臂由肘关节来连接，前臂与手由腕关节来连接。

3. 人体比例

对于八头高的人体来说，上身长比下身长约为 5：5，而下身长比总体高约为 5：8，其比值约为 1：1.68，符合黄金分割。

（三）动态人体

进行服装平面结构设计时，必须明白人体的动态尺寸变化规律，所设计的平面结构图才能具有良好的功能性。人体各个部位在活动时的尺寸变化如下。

1. 运动伸长

背部运动时伸长约为 10%，肘部弯曲时伸长量在 9% 左右，膝关节弯曲时伸长约为 8%。

2. 关节转动

腰关节转动范围，前屈 80°、后伸 30°、侧屈 35°、旋转 45°左右；胯关节运动范围，前屈 120°、外展 45°左右；膝关节转动范围，后屈 135°；肩关节移动范围，上举、外展均可以达到 180°左右；肘关节转动范围，前屈 150°左右。

3. 正常行走

前后足距为 65～70cm；双膝围为 80～110cm。上台阶时，上 20cm 高时，双膝围为90～115cm；上 40cm 高时，双膝围为 120～130cm。这个尺寸范围对裙装下摆的尺寸设计具有参考意义。

(四) 男女体型差异

1. 骨骼特点

男性骨骼比较粗壮、棱角分明，骨骼上身发达；女性骨骼纤细、柔和，骨骼下身发达。骨盆形状，男性为倒梯形，而且股上尺寸短；女性为正梯形，而且股上尺寸长。

2. 外观形状

男性腰线以上发达，侧面呈柱形，所以男装强调肩、背、胸；女性腰线以下发达，侧面呈S形，女装强调胸、腰、臀。

二、人体测量基准点

与服装关系密切的是基准点和基准线。例如，人体胸点、肩点、臀高点等主要的支撑点与服装直接接触，决定着服装的外观造型；腰线位置决定着服装上下分割的比例关系。以下对人体的基准点和基准线进行总结，其中许多是与服装结构直接对应的。与服装密切相关的人体体表的基准点共有20个，人体的基准点见图2-1。

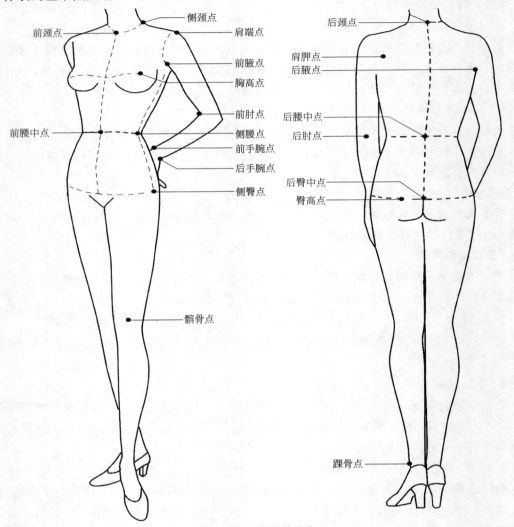

图 2-1　人体的基准点

1. 侧颈点

在颈根曲线上，从侧面看，在前后颈厚度中部稍微偏后的位置。是测量服装前衣长的参考点。

2. 前颈点

颈根曲线的前中点，前领圈中点。是服装领窝点定位的参考依据。

3. 肩端点

处在肩与手臂的转折点处，是人体重要基准点之一。是测量人体肩宽的基准点，也是测量人体臂长及服装袖长的起始点，还是服装衣袖缝合的对位点。

4. 前腋点

位于胸部与手臂的交界处，当手臂放下时，手臂与胸部在腋下结合处的起点，是测量胸宽的基准点。

5. 胸高点

胸部最高的位置，亦即乳头点，是人体重要的基准点之一，是确定胸省省尖的参考点。

6. 前肘点

位于人体肘关节的前端，是确定服装前袖弯曲的参考点。

7. 前腰中点

位于人体前腰部中点处。

8. 侧腰点

前腰与后腰的分界点，是测量裤长或裙长的参考点。

9. 前手腕点

位于手腕的前端，是测量服装袖口围度的基准点。

10. 后手腕点

位于手腕的后端，是测量人体臂长的终止点。

11. 侧臀点

臀围线与体侧线的交点，是前后臀的分界点。

12. 髌骨点

位于膝关节的前端中央，是确定大衣及风衣衣长尺寸的参考点。

13. 后颈点

位于第七颈椎处，是测量人体背长的起始点，也是测量服装后衣长的起始点。

14. 肩胛点

位于后背肩胛骨最高点处，是确定肩省省尖的参考点。

15. 后腋点

位于背部与手臂的交界处，手臂放下时，手臂与背部在腋下结合处的起点，是测量人体背宽的基准点。

16. 后腰中点

位于人体后腰中点处。

17. 后肘点

位于人体肘关节的后端，是确定服装后袖弯曲及袖肘省省尖方向的参考点。

18. 后臀中点
位于人体后臀中点处。

19. 臀高点
位于臀部最高处，是确定臀省省尖方向的参考点。

20. 踝骨点
位于踝骨外部最高点处，是测量人体腿长的终止点和测量裤长的参考点。

三、人体测量基准线

在绘制服装平面结构图时，必须掌握与服装密切相关的人体基准线。图 2-2 所示为人体的基准线。

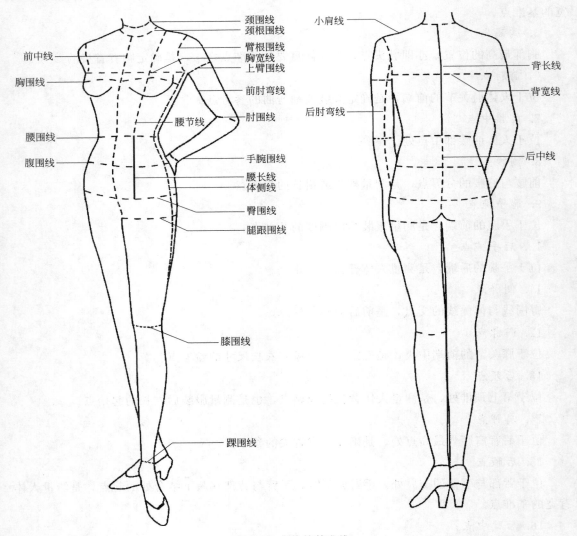

图 2-2　人体的基准线

1. 颈围线
绕颈部喉结处一周的线条，是测量人体颈围尺寸的基准线，是服装领口定位的参考线。

2. 颈根围线

绕颈根底部一周的线条，是测量人体颈根围尺寸的基准线，也是服装领口线的参考线。

3. 前中线

从前颈点起，经前胸中点、前腰中点的线条，它是服装前片左右衣身的分界线，也是服装前中线定位的参考线。

4. 臂根围线

绕手臂根部一周的线条，上经肩点、下经腋下点，是测量人体臂根围长度的基准线，也是服装衣身与衣袖的分界线及服装袖窿线定位的参考线。

5. 胸宽线

左右前腋点之间的直线距离。

6. 上臂围线

通过腋下点，绕上臂最丰满处一周的线条，是测量人体上臂围尺寸的基准线。

7. 胸围线

经胸高点水平绕胸部一周的线条，是测量人体胸围的基准线，也是服装胸围线定位的参考线。

8. 前肘弯线

由前腋点经前肘点至前手腕点的手臂前纵向顺直线，是服装前袖弯线定位的参考线。

9. 腰节线

从侧颈点开始，经胸高点至腰围线的线条。

10. 肘围线

手臂自然下垂时，绕肘关节处一周所得的线条，是测量上臂长度的终止线，也是服装肘线定位的参考线。

11. 腰围线

水平绕腰部最细处一周的线条，是测量腰长的基准线，也是服装腰围线定位的参考线。

12. 手腕围线

绕前后手腕点一周的围线，是测量人体手腕长度的基准线及臂长的终止线，也是长袖服装袖口位置定位的参考线。

13. 腹围线

又称为中腰围线或上臀围线，水平绕腰围线和臀围线中间一周所得的线条，是测量人体中臀围长度的基准线，在设计臀部很合体的裤子或裙子时也需要测量这个尺寸。

14. 腰长线

从腰围线至臀围线之间的直线距离。

15. 体侧线

从腋下点起，经过腰侧点、臀侧点至脚踝点的人体侧面线条。是人体胸、腰、臀和腿部前后的分界线，也是服装前后衣身或裤身、裙身的分界线及服装侧缝位置定位的参考线。

16. 臀围线

水平绕臀部最丰满处一周所得的线条，是测量人体臀围尺寸及臀长的基准线，也是服装臀围线定位的参考线。

17. **腿跟围线**

大腿最丰满处的水平围线，是测量人体腿围尺寸的基准线，也是确定裤子裆深的参考线。

18. **膝围线**

水平绕膝盖部位一周所得的线条，是测量大腿长度的终止线，也是服装中裆线定位的参考线。

19. **踝围线**

水平绕踝部一周的线条，是测量踝围尺寸的基准线及腿长尺寸的参考线，也是长裤裤脚位置定位的参考线。

20. **小肩线**

由肩颈点至肩端点的线条，是人体前后肩的分界线，也是服装肩缝线定位的参考线。

21. **背长线**

连接后颈点与后腰点之间的直线距离，是原型中背长尺寸确定的依据，也是连衣裙中上下身分界点的参考线。

22. **背宽线**

在背部连接两个后腋点之间的线条。

23. **后肘弯线**

由后腋点经后肘点至后手腕点的手臂后纵向顺直线，是服装后袖弯线定位的参考线。

24. **后中线**

由后颈点经后腰中点、后臀中点的后身对称线，是服装后片左右衣身的分界线，也是服装后中线定位的参考线。

四、人体测量要求

量体是纸样设计和缝制的尺寸依据，服装是按人体测量尺寸制得的，服装成品中各部位的尺寸是通过测量人体各部位的立体尺寸，然后化为平面分组尺寸，再加入合适的松量得来的，尺寸测量是否准确将直接影响服装制成后的质量和舒适性，因此量体是非常重要的。

服装是按人体测量尺寸制得的，服装成品中各部位的尺寸是通过测量人体各部位的立体尺寸，然后化为平面分组尺寸，再加入合适的松量得来的，尺寸测量是否准确将直接影响服装制成后的质量和舒适性，因此量体是非常重要的。在学习服装裁剪制板技术之前，首先要了解人体测量的有关知识和方法。

1. **测体要求**

被测量者要求：自然直立，两眼平视前方，肌肉松弛，双手下垂，双腿并拢，处于自己习惯的姿态。测体要做到准确、全面，首先必须学习和掌握以下几方面的知识。

要了解人体的体型结构，熟悉与服装有关的人体部位及基准点。主要掌握颈、肩、背、胸、腋、腰、胯、腹、臀、腿根、膝、踝以及臂、肘、腕、虎口等部位的静态外形、动态变化及生理特征等知识，并且能识别与判断特殊体型，只有熟悉人体，才能做到测体准确。

要熟悉了解衣着对象。包括衣着对象的性别、年龄、体型、性格、职业、爱好及风俗习惯等。一般来说，男服较宽松易活动，女服较紧凑合体，儿童服宜宽大，老年服要求宽松舒适。

要了解穿用场合，掌握服装面辅料知识。如用于春秋和用于冬季穿的服装，尺寸测量就不一样。前者偏于短瘦，后者重于肥长。

应具备必要的美学、色彩、装饰等方面的知识。

2. 测体注意事项

要求被测量者站立正直，双臂自然下垂，姿态自然，不得低头、挺胸。软尺不要过紧或过松；量长时尺子要垂直，横量时尺子要水平。

要了解被测量者工作性质、穿着习惯和爱好。在测量长度和围度的主要尺寸时，除了观察、判断外，还要征求被测量者的意见和要求，以求合理、满意的效果。

要观察被测量者体型。如特殊体型（如鸡胸、驼背、大腹、凸臀），应测特殊部位并做好记录，以便制图时做相应的调整。特体测量应参照下面有关内容。

在测量围度尺寸时（如胸围、腹围、臀围、腰围），要找准外凸的峰位或凹陷的谷位围量一周，并且注意测量的软尺前后要保持水平，不能过松或过紧，以平贴和能转动为宜。

测体时要注意方法，要按顺序进行。一般是从前到后、由左向右、自上而下地按部位顺序进行，以免漏测或重复。

五、人体测量方法

人体测量方法主要分为两种：一种是传统的手工测量；另一种是利用现代的仪器与设备进行测量。

测量工具有软尺（皮尺）、纸、笔等。测量时采用定点测量的方法，以厘米为单位。测量方法及内容如下。

（一）围度测量

围度测量共有 11 个部位。

1. 胸围

胸围是经过胸部最丰满处水平围量一周。将皮尺围绕在胸部最丰满处，在背部保持水平，注意测量时不要太紧。人体胸围测量如图 2-3 所示。

图 2-3　人体胸围测量

图 2-4　人体腰围测量

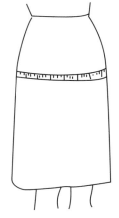
图 2-5　人体臀围测量

2. 腰围

腰围是经过腰部最细处，水平围量一周。将一根细绳系于腰部，并且使之处于腰部最细处，测量时贴紧。人体腰围测量如图 2-4 所示。

3. 臀围

臀围是经过臀部最丰满处，水平围量一周。将皮尺围绕在臀部最丰满处，以坐骨位置为参考，测量时收紧。人体臀围测量如图 2-5 所示。

4. 腹围

腹围是在腰线与臀围线中点处围量一周。人体腹围测量如图 2-6 所示。

5. 头围

头围是经过耳上、前额、后枕骨测量一周。人体头围测量如图 2-7 所示。

6. 颈根围

颈根围是经过前、后、侧颈点围量一周。位于颈围基部测量，调整测尺使其有一定的松量。人体颈根围测量如图 2-8 所示。

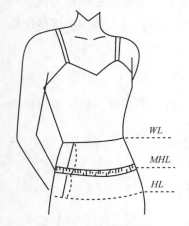

图 2-6　人体腹围测量

图 2-7　人体头围测量

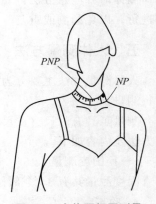

图 2-8　人体颈根围测量

7. 臂根围

臂根围是经过肩点、前后腋点环绕臂根围量一周。人体臂根围测量如图 2-9 所示。

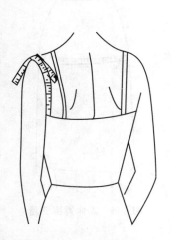

图 2-9　人体臂根围测量

图 2-10　人体上臂围测量

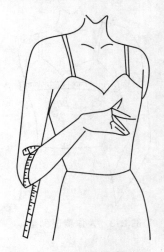

图 2-11　人体肘围测量

8．上臂围

上臂围是在上臂围最粗的地方水平围量一周，即在二头肌最丰满处测量，测量时放一定余量。人体上臂围测量如图 2-10 所示。

9．肘围

肘围是在曲肘时经过肘点围量一周，即在肘部围量一周，以肘骨位置为参考，测量时放一定余量。人体肘围测量如图 2-11 所示。

10．腕围

腕围是经过尺骨头围量一周。在腕骨处测量，测量时放一定余量。人体腕围测量如图 2-12 所示。

11．掌围

掌围是将拇指并入掌侧，环绕一周测量。人体掌围测量如图 2-13 所示。

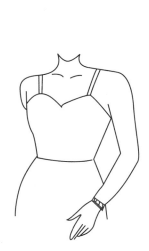

图 2-12　人体腕围测量　　图 2-13　人体掌围测量

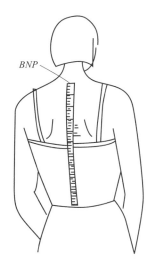

图 2-14　人体背长测量

（二）长度测量

长度测量共有 11 个部位。

1．背长

背长是从后颈点随背形测量至腰线。将皮尺置于后颈点处（或第七节颈椎骨处）垂直测量到腰线。人体背长测量如图 2-14 所示。

2．腰长

腰长是从腰线测量至臀围线之间的距离。人体腰长测量如图 2-15 所示。

3．臂长

臂长是肩点经过肘点至手根点。人体臂长测量如图 2-16 所示。

4．乳下长

乳下长是测量侧颈点至乳尖点距离。人体乳下长测量如图 2-17 所示。

5．裙长

裙长是自腰围线测量至裙摆线。裙长测量如图 2-18 所示。

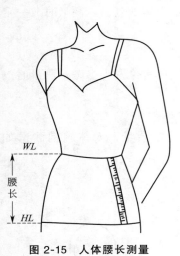

图 2-15　人体腰长测量

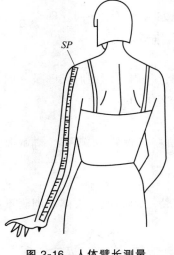

图 2-16　人体臂长测量

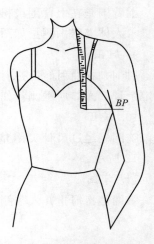

图 2-17　人体乳下长测量

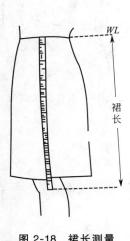

图 2-18　裙长测量

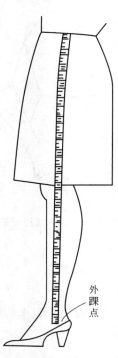

图 2-19　裤长测量

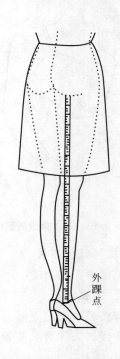

图 2-20　人体股下长测量

6. 裤长

裤长是自腰围线测量至外踝点。裤长测量如图 2-19 所示。

7. 股下长

股下长是自裤长减去股上尺寸。自臀股沟测量至外踝骨。人体股下长测量如图 2-20 所示。

8. 后衣长

后衣长是自侧颈点（SNP）过肩胛骨测量至腰围线（WL）。后衣长测量如图 2-21 所示。

9. 前衣长

前衣长是自侧颈点（SNP）经过乳尖点（BP）测量至腰围线（WL）。前衣长测量如图 2-22 所示。

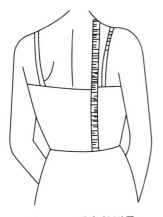
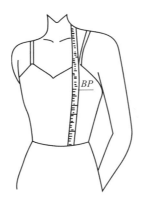
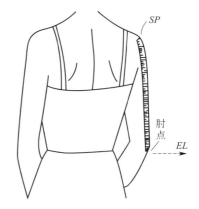

图 2-21　后衣长测量　　　　图 2-22　前衣长测量　　　　图 2-23　人体肘长测量

10. 肘长

肘长是自肩点（SP）经弯肘部测量至肘点。人体肘长测量如图 2-23 所示。

11. 股上长

股上长是自腰围线（WL）到股（大腿）根部的尺寸。坐在平而硬的椅子上测量。人体股上长测量如图 2-24 所示。

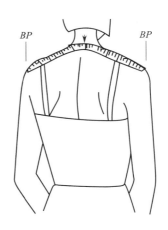

图 2-24　人体股上长测量　　　　　　图 2-25　人体肩宽测量

（三）宽度测量

宽度测量共有 4 个部位。

1. 肩宽

肩宽是从左肩点经过后颈点到右肩点的距离。也可以在颈部系一根细皮尺，并且使之处于颈部最低处。测量时，从皮尺处向两侧测量到肩胛骨。人体肩宽测量如图 2-25 所示。

2. 背宽

背宽是左右后腋点之间距离，在后颈骨以下大约 10.5cm 处测量。以袖窿线为参考，测量时宽松些。人体背宽测量如图 2-26 所示。

3. 胸宽

胸宽是左右前腋点之间距离。人体胸宽测量如图 2-27 所示。

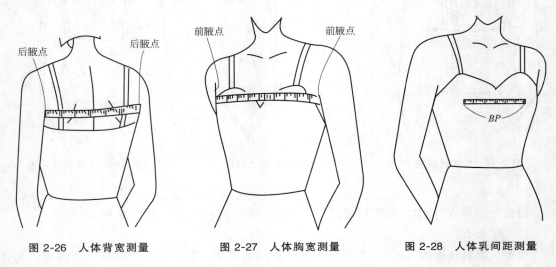

图 2-26　人体背宽测量　　　　图 2-27　人体胸宽测量　　　　图 2-28　人体乳间距测量

4. 乳间距

乳间距是测量左右乳尖点之间距离。人体乳间距测量如图 2-28 所示。

第二节　特殊体型的分类与图示

一、特殊体型

1. 特殊体型的含义

体型即人的外形特征和体格类型。受职业、体质、性别、种族遗传以及外来因素的影响，有的人身体发生畸形变化，服装行业将发生明显变化的体型称为特殊体型。特别要说明是，腰围比较纤细而臀围、胸围的发育正常者，我们也称之为特殊体型，但这看起来却是美的身材。

2. 特殊体型的图示

粗略地来看，人的体型的区别大致在以下几个部位：胸部、背部、腹部、臀部、肩部、腿部。按这几个部位的特殊形态进行基础分类，用一些简单的线条形象表现，分别用以下不同的形象符号加以表示：平胸 ϙ、高胸 ʃ（只适用于女性乳房丰满者）、挺胸 ϙ、凸肚 ʮ、驼背 ϸ、肥胖 ϙ、细长颈 ϯ、粗短颈 Ϫ、平肩（端肩）ϯ、溜肩 ϯ、高低肩（左高右低 ϯ、右高左低 ϯ）、长短腿 ʎ、X 形腿 ʎ、O 形腿 ϫ、落臀 Ϧ　Ϧ、驳臀 Ϧ，如表 2-2 所示。

表 2-2　特殊体型图示

胸部			腿部			颈部	
平胸	高胸	挺胸	长短腿	X 形腿	O 形腿	细长颈	粗短颈

腹部、背部			肩部			臀部	
凸肚	肥胖	驼背	平肩	溜肩	高低肩	落臀	驳臀

二、复合型特殊体型

上面提到的十六种特殊体型均是单一的，有些人的体型是由两种以上的特殊体型所组成，这种体型称为复合型特殊体型。观察复合型特殊体型可以通过目测法与体模法。体模数值对照见表 2-3。体模法示例图如图 2-29 所示。

表 2-3　体模数值对照

模值	0.7	0.8	0.9	1.0	1.1	1.2	1.3	1.4	1.5	1.6
胸模			X	Y	A	B	C	D		
腰模	V	W	X	Y	A	B				
臀模				Y	A	B	C	D	E	

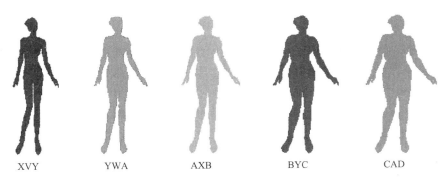

XVY　　YWA　　AXB　　BYC　　CAD

图 2-29　体模法示例图

1. 目测法

主要是凭借经验目测观察出来的。例如，中老年容易发胖，其腰围、腹部增大较多，同时背脊柱开始弯曲，其体型可复合出现：凸肚体型+驼背体型=驼背凸肚体型。

又如，体操运动员、舞蹈演员和经常从事健美锻炼的人，其体型可复合出现：挺胸体型+驳臀体型=挺胸驳臀体型。

2. 体模法

根据人体任何部位的两倍围度与身高的比值，成为该部位的模值，以此来制定人的体型，称为体模法。

第三节　特殊体型的观察与量体

一、观察体型——量体裁衣的基础

测量特殊体型，要仔细地观察体型特征。从前面观察人体胸部、腰部、肩部，从侧面观察人体背部、腹部、臀部，从后面观察人体肩部。

（一）侧面观察

观察特殊体型整体，从侧面看比较容易发现特殊体型的特征所在。

挺胸体后背比较平坦，而胸部弧度长，走路时一般抬头仰望。

高胸体系乳房丰满的女性体（高胸不一定就是挺胸）。

驼背体前胸平坦甚至凹陷，后背弧度较长，走路时一般俯视。

肥胖体身体厚度超过正常体，腰腹部特别肥壮，但身材高大、匀称（膀阔腰圆者不能视为肥胖体）。

凸肚体男性的凸肚位置较高，在胃、肚脐眼附近；女性的凸肚位置较低，在腹部肚脐眼以下，大的凸肚体容易造成仰体，以保持身心平衡。

落臀体臀部平坦，位置低落，常见于瘦弱、纤细者。

驳臀体臀部丰满，臀大肌比较发达，常见于坚持体育锻炼者。

（二）后面观察

肩部从后面看比较合理。从肩颈交界处引出水平线和肩斜线。正常体型，测得夹角为 19°～20°。若小于 18°则为端肩体；若大于 20°则为溜肩体；若一侧大于 20°而另一侧小于 18°则为高低肩。

（三）特殊体型的观察与量体

1. 躯干部特殊体型的观察

躯干部特殊体型，主要是观察胸、背、腹、臀四个部位的变化，因为看的是整体效果，从侧面看较为直观简洁。观察时主要注意的是这几个部位的凸起程度，通过部位的组合，得出研究的体型类别。

胸部向前凸起，人体中心体轴后倾，具有挺胸体的特征，而根据胸部突出程度，使得挺胸体有一个从轻度到强度的过渡；后背凸出，中心体轴前倾，具有驼背体的特征，同时根据后背弯曲程度，分为轻度驼背和强度驼背；腹部比较丰满，即为肥满体。通过侧面观察得到的这几种体型，在后面有详细的板型修正介绍。

2. 肩部特殊体型的观察

肩部特殊体型是较为细节的观察，从背面看更为清楚直观。观察时，主要是注意肩的斜度以及左右肩的对称程度。

肩斜度小于 19°的为平肩体；肩斜度大于 22°的为溜肩体；左右肩膀斜度不一样的为高低肩。

3. 臀部特殊体型的观察

躯干部特殊体型观察时已经观察了臀部，但从侧面仅仅观察了臀部的凸起状况，没有细节，因此臀部特殊体型从背面观察，主要看臀部的具体形态。主要观察 4 种臀部特殊体，即臀部扁平的平臀体、臀部丰满的凸臀体以及臀部下垂的低臀体和臀部挺翘的高臀体。

4. 腿部特殊体型的观察

腿部特殊体型需从正面观察其腿型，主要注意膝盖部位以及膝盖以下的小腿部位，这类体型容易观察。

5. 特殊体型的量体

量体是制作衣服的前提，尤其是定制，量体尤为重要。服装各部位尺寸是按照人体测量的各部位尺寸计算得到的，一旦测量结果不准确，最终的服装也可能会出现很多问题，使穿着者感到不合体、不舒适。在日常生活及服装工业生产中，对于量体有一套常规的方法，但是很显然，这是针对正常体型者。而对于那些特殊体型者，应该采用特殊的量体方法，才能保证得到的数据是准确的，制作的服装才能适合人体。

在测量特殊体型时，不仅要按标准体的测量方法测量各个部位，而且要根据特殊部位运用不一样的方法，相对标准体的测量要更加烦琐。

让被测量者自然状态站立，测量者在正面观察，看其肩部、腿部是否特殊，在侧面观察，看其胸部、背部、腹部、臀部是否特殊。如果有特殊点，就要记下，方便之后进行具体的测量。

观察肩部时，主要是看肩斜，测量肩斜的方法是：从侧颈点水平向外延伸，用量角器测量肩线与此水平线的角度，即为肩斜，如图 2-1 所示。

观察腿部时，需要测一个下裆尺寸，方法为：从臀沟测量到裤长位置即为下裆长，如图 2-2 所示。

观察胸部、背部特殊体时，要注意加测前后腰节长。即从侧颈点经过胸点量至腰围线处，以及从侧颈点经过肩胛骨量至腰围线处，得到前后腰节长，同时前胸宽和后背宽也需要测量。

凸肚体的特点就是腹部比较丰满，这类体型在生活中较为常见。观察时需要测量腹部的尺寸，通俗来讲，就是测量肚子最大处的围度，按标准来说，基本是腰围与臀围之间 1/2 处的围度，如图 2-4 所示。生活中多见的肥胖体一般为凸肚凸臀体，这类体型不仅要测量腹部尺寸，同时要加测臀围。它的测量方法是：拿一把短尺贴着腹部垂直向下放置，拿皮尺围住臀部及短尺一圈的围度即为臀围，如图 2-5 所示。

同时需要注意的是，穿衣服讲究的就是比例，对于那些矮胖体型的人，上衣不要过长，应比常规上衣短 1cm，腰节提高 0.7cm，而对于那些上半身短而下半身长的人，腰节长比常规大 0.7cm。

二、准确量体——纸样设计的依据

通过观察了解特体体型，如凸胸、腴腹、端肩、驼背等，特别要了解挺胸又凸臀、驼背又腴腹等双重复合型特体。对不同体型，采取不同测量方法，以求得较准确的尺寸。

1. 驼背体

特征是背部凸起，头部前倾，胸部平坦。这样的人体尺寸特点是背宽尺寸远远大于前胸宽尺寸。

测量重点是长度方面主要量准前后腰节高，围度主要取决于胸宽、背宽尺寸。在裁剪制图时相应加长、加宽后背尺寸。

2. 挺胸体

挺胸体（包括鸡胸体）与驼背体相反，胸部饱满凸出，背部平坦，其前胸宽大于后背宽尺寸，头部呈后仰状态。

测量重点是与测量驼背体相同，长度方面主要量准前后腰节高，围度主要取决于胸宽、背宽尺寸。在制图时与驼背体相反，相应加长、加宽前衣片尺寸。

3. 大腹体

大腹体（包括腆肚体），其特征是中腹尺寸和胸围尺寸基本相等，或超过胸围尺寸（正常体中腹尺寸应小于胸围 8～12cm）。

测量重点是上装要专门测量腹围、臀围和前后身衣长。裁剪制图时注意扩放下摆和避免前身短后身长的弊病。下装要放开腰带测量腰围，同时要注意加测前后立裆尺寸。裁剪制图时前立裆要适当延长，后翘适当变短以适应体型。

4. 凸臀体

特征是臀部丰满凸出。测量时要注意加测后裆尺寸，以便裁剪制图时调整加长后裆线。

5. 罗圈腿

又称为 O 形腿，主要特征是膝盖部位向外弯呈 O 形，要求裤子外侧线变长。测体时注意要加测下裆和外侧线，以便调整外侧线。

6. X 形腿

其特征是小腿在膝盖下向外撇，要求裤子内侧线延长。测体时要注意加测下裆和外侧线，以便调整外侧线。

7. 异形肩

有端肩、溜肩、高低肩等。正常体的落肩量一般在 5cm 左右，第七颈椎（后颈点）水平线与肩峰的距离小于 1.5cm 者为端肩，大于 6cm 者为溜肩。测体时应注意加测肩水平线和肩高点的垂直距离，以便裁剪制图时调整。

第四节 原型补正

衣服是为人而制作的，无论是单件定制，还是批量生产，都需要经过做样衣、试穿展示、调整修正的过程。原型的补正是基础，我们由下面两个方法进行研究探讨，找出原因作为修正处理时的依据：一是尺寸使用不当，以一般体型来说，当尺寸使用太足时，往往会产生松散的直形绉纹，当尺寸使用不足时，往往会产生太紧绷的八字形斜绉纹；二是体型因素，假若穿着者的体型较不同于一般体型，即容易产生不合身的现象。

一、前胸纸样补正

1. 当前中心线与胸围线太短时

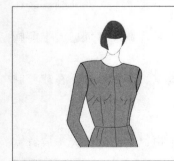
现象：前胸两乳尖点四周形成紧绷绉纹（多见于胸部丰满者）。

衣身处理：在前胸两乳尖点处以十字形切展，直至衣身平整为止。

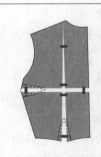
纸型处理：按照衣身切展部分在纸型上切展后并描画纸型。

2. 当前中心线与胸围线太长时

现象：前胸衣身松散不平（多见于胸部平坦者）。	衣身处理：将松余绉纹以两乳尖点为中心，横向与直向折叠。	纸型处理：依照衣身折叠量在纸型上折叠。

二、背部纸样补正

1. 当后背宽度尺寸太长时

现象：衣身背部会形成直条状松散绉纹。	衣身处理：将松散部分由后中心向两边袖窿与肋边拉平，再以珠针固定。	纸型处理：量取珠针固定后的多余量，在纸型上缩小袖窿与肋边宽。

2. 当后背宽度尺寸不足时

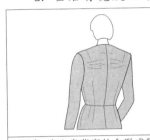  

现象：在衣身背宽处会形成紧绷的横条纹。	衣身处理：由肩到袖下处切开将绉纹消除。	纸型处理：依照衣身切展位置与宽度直接在纸型上切展。

3. 当背长线使用太长时

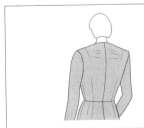  

现象：肩胛骨附近会出现水平式松散绉纹。	衣身处理：将松余量在肩胛骨处折叠，再以珠针固定。	纸型处理：在后中心肩胛骨及肩巾褶处，依照衣身折叠份将纸型折叠。

4. 当背长线使用太短时

现象：肩胛骨处形成八字形紧绷绉纹（多见于驼背体型者）。	衣身处理：在肩胛骨紧绷处切开，直至绉纹消失。	纸型处理：在后中心肩胛骨处切展纸型，将背长线增加。

三、袖子纸样补正

1. 当平袖袖山尺寸太长时

现象：在袖头处会形成起泡状。	衣身处理：拆开袖孔，将起泡部分折叠	纸型处理：按照衣身折叠量，在纸型上降低袖山高度。

2. 当前袖孔缩缝量太多时

现象：前袖孔接缝后，袖孔线会不顺。	衣身处理：拆开袖子接缝处，调整前后缝份。	纸型处理：在纸型上将袖山顶与肩线接缝，记号，往前移至平整为止。

3. 当后袖孔尺寸太长时

现象：后袖孔附近会形成松散状直条纹。	衣身处理：拆开后袖孔缝合线，将多余松量在身片袖孔处折叠。	纸型处理：依照折叠量在纸型上折叠。但折叠后，后肩巾褶将增大，肩线也跟着加长，因此肩巾褶量必须记得加宽。

4. 当袖山尺寸太长时

现象：在袖头处形成倒垂松绉纹。	衣身处理：以在袖上腰折叠的方式消除倒垂绉纹。	纸型处理：依照衣身折叠部分在纸型上折叠。

5. 当袖山尺寸太短时

现象：由袖孔向袖山顶点形成八字形紧绉纹。	衣身处理：将袖孔接缝线拆开，留出不足量。	纸型处理：依照衣身留出量，在纸型上将袖山提高。

四、肩部纸样补正

1. 当肩线斜度不足时

现象：由颈肩点处斜向袖下形成松绉纹（多见于溜肩体型者）。	衣身处理：将松余量拉向肩线，再以珠针固定。	纸型处理：依照衣身固定的松余量，在纸型肩斜处折叠并降低。

2. 当肩线斜度太多时

现象：由前中心向肩端袖头处形成拉紧的绉纹（多见于端肩体型者）。	衣身处理：将肩线接缝处拆开，直至绉纹消除为止。	纸型处理：将衣身拉开部分在纸型肩斜度上展高，并且将袖孔线提高。

3. 当肩线太长时

现象：在袖孔附近形成直形松绉纹。	衣身处理：将松余量抓向袖头处，再以珠针固定。	纸型处理：依照衣身所抓多余量，在纸型上削短肩线长。

4. 当肩线太短时

现象：袖孔被衣身拉紧，致使袖孔线弯曲变形。	衣身处理：将袖孔不顺部位拆开，留出不足量。	纸型处理：肩线长不足部分在纸型上加长，并且重画袖孔线。

五、领孔纸样补正

1. 当领孔附近太松时

现象：在前中心领孔附近形成八字形松绉纹。	衣身处理：将松余量在领孔处折叠，再以珠针固定。	纸型处理：将衣身折叠份在纸型上折叠，并且加宽肋边褶量。

2. 当领孔线太短时

		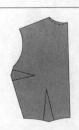
现象：沿着领孔形成下垂的弧形绉纹。	衣身处理：将下垂多余量折叠，再以珠针固定。	纸型处理：依照衣身折叠量，在纸型上挖大领孔线。

六、裙子纸样补正

1. 当裙腰尺寸不足时

现象:在两肋边宽骨处形成紧绷绉纹。	衣身处理:拆开肋边留出不足部分。	纸型处理:依照衣身不足部分,在纸型上加宽。

2. 当臀部紧绷时

现象:在臀部周围形成圆形紧绷绉纹(多见于臀部丰满体型者)。	衣身处理:顺着臀部横向切展不足部分。	纸型处理:依照衣身切展份在纸型上切展并加长后中心线,酌量加宽尖褶量。

3. 当小腹围尺寸不足时

现象:在腹部四周形成紧绷的绉纹。	衣身处理:在小腹处切展开不足份后,再以珠针固定。	纸型处理:依照衣身切展份在纸型上切展,前中心线加长,腰身褶做酌量加深。

4. 当后中心腰长尺寸太长时

现象:在后腰围下形成倒折的横绉纹。	衣身处理:将倒垂部分在后腰围下折叠后,再以珠针固定。	纸型处理:依照衣身折叠量在纸型上折叠。

七、裤子纸样补正

1. 当股孔尺寸不足时

 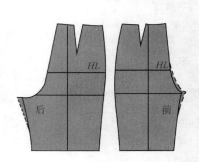

| 现象:在前后股下有被拉进去般的绉纹出现。 | 纸型处理:在前后片增加股上的持出份,并且重画股上与股下弧度。 |

2. 当前小腹处尺寸不足时

 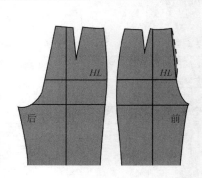

| 现象:在小腹周围形成紧绷绉纹。 | 纸型处理:在前片纸型上,以向外凸出的弧度画出不足份。 |

3. 当股下尺寸太长时

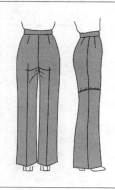 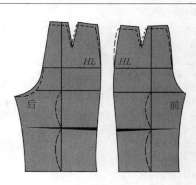

| 现象:后折山线有垂落状。 | 纸型处理:取前后片股上至膝围一半处,折叠多余份后,股孔稍微削入一些。 |

4. 当大腿围尺寸不足时

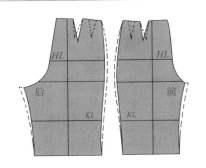

现象:在大腿围处形成紧绷绺纹。	纸型处理:前后片纸型增加肋边宽份,同时增加股下持出份后,重画弧线。

5. 当腹部内凹臀部高翘时

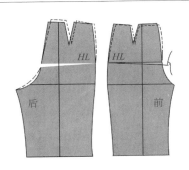

现象:前股有倒垂松绺纹,后股下出现拉紧向内的绺纹。	纸型处理:前片松余份在臀围处折叠,后片从臀围线切展不足份。

6. 当腹部太紧、臀部太松时

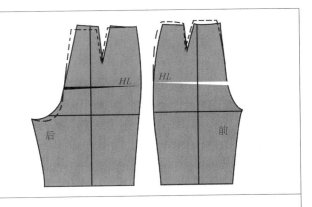

现象:腹部四周出现紧绷绺纹,而臀部呈现倒垂状松绺纹。	纸型处理:前片切展不足份,后片将松余份在臀围线上折叠。

第三章　服装结构补正原理

第一节　衣领结构补正原理

一、领孔结构补正原理

1. 挺胸体对领孔结构的影响

挺胸体对领孔结构的影响如图 3-1 所示。虚线为正常体轮廓线型，实线为挺胸体轮廓线型，B、N、F 为正常体的领孔上的点，B 为后颈点，N 为侧颈点，F 为前颈点。$B_{挺}$、$N_{挺}$、$F_{挺}$ 为挺胸体的领孔上的点，$B_{挺}$ 为后颈点，$N_{挺}$ 为侧颈点，$F_{挺}$ 为前颈点。由于挺身状态时，前身横剖面线型的曲率增大，使 $N_{挺}F_{挺}$ 的弧长大于 NF 的弧长，即在立体领孔宽不变的情况下，挺胸体的前身平面领孔宽尺寸大于正常体的领孔宽尺寸。

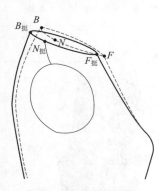

图 3-1　挺胸体对领孔结构的影响

2. 挺胸体领孔的补正

从挺胸体与正常体后领孔宽的横剖面线型的比较可以看出，由于挺身状态时，后身横剖面线型的曲率减小，使弧长减小，即在相同立体领孔宽的情况下，挺胸体的后身平面领孔宽尺寸小于正常体的领孔宽尺寸。根据以上挺胸体与正常体前后领孔宽尺寸的比较，在同一立体领孔宽的情况下，挺胸体平面前领孔宽尺寸大于后领孔宽尺寸，随着挺胸的程度越大，前领孔宽尺寸越大，后领孔宽尺寸越小，即前领孔宽大于后领孔宽的值也越大。挺胸体的领口修正原理是，随着挺胸体的程度加大，前领孔的宽度增大，后领孔的宽度适当减小。挺胸体领孔补正原理如图 3-2 所示。

3. 驼背体对领孔结构的影响

驼背体对领孔结构的影响如图 3-3 所示。虚线为正常体轮廓线型，实线为驼背体轮廓线型。B、N、F 为正常人体领孔线上的点，B 为后颈点，N 为侧颈点，F 为前颈点。实线为

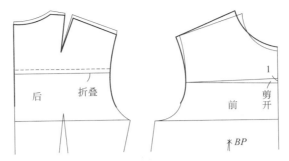

图 3-2　挺胸体领孔补正原理

驼背体轮廓线型。$B_驼$、$N_驼$、$F_驼$ 为驼背体领孔线上的点，$B_驼$ 为后颈点，$N_驼$ 为侧颈点，$F_驼$ 为前颈点。由于在驼背情况下，前身横剖面线型的曲率减小，使得在相同立体领孔宽情况下，驼背体的前身平面领孔宽尺寸小于正常体的平面领孔宽尺寸。

4. 驼背体领孔的补正

从驼背体与正常体前领孔宽的比较可以看出，由于驼背状态时，前身横剖面线型的曲率减小，使其弧长小于正常体的弧长，即在相同立体领孔宽情况下，驼背体的前身平面领孔宽尺寸小于正常体的平面领孔宽尺寸，而后身领孔宽度大于正常体领孔宽度。驼背体领孔补正原理如图 3-4 所示。

二、领孔结构补正实例

1. 后领孔弊病补正

后背吊起如图 3-5 所示。

图 3-3　驼背体对领孔结构的影响

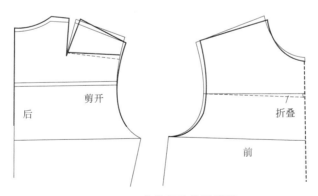

图 3-4　驼背体领孔补正原理

后领孔的弊病是后背吊起，造成此弊病的主要原因是后领深开度太多，后身衣长过短。

弊病补正的方法是上提后领深线，画顺后领弧线，后领深一般为 2.5cm，依据后背吊起程度将衣长放长，同时将腰节线的位置相应降低。

2. 前领孔弊病补正

前领口下端褶皱如图 3-6 所示。

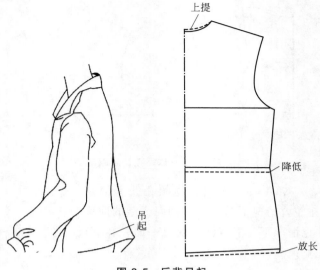

图 3-5　后背吊起

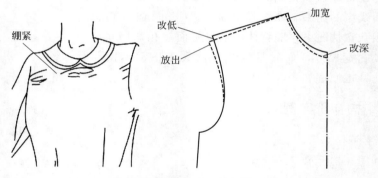

图 3-6　前领口下端褶皱

　　前领孔的弊病是前领口下端起褶，前衣身领口下端由于不符合体型而感到绷紧，而且两侧出现横向褶皱，造成此弊病的主要原因是前领孔太浅、领宽太小、肩线太平。

　　弊病补正的方法是将前领孔开深，领宽加大，前肩斜度增大，同时前袖窿上端相应放出保持肩宽量不变。

三、领子结构补正原理

（一）立领结构补正原理

　　起翘量过大，上领口会过紧；反之，起翘量太小，上领口又与人体颈部空隙过大，不伏贴。如果在原型的领口弧线上设计立领，领起翘量一般为 1.5～2.5cm，然后依据领起翘量绘制与领口弧长相等的装领线。

　　立领在裁剪时需要注意的是领底线的确定。当起翘量为 0 时，装领线为直线，倾斜角为 90°，此时立领的力度最好，但与颈部有一定的空隙；当起翘量为 1～2cm 时，倾斜角大于 90°，此时颈部最合体；当起翘量为负值时，装领线向下弯曲，倾斜角小于 90°，此时立领的力度不好，与颈部的空隙较大，一般不采用负值。立领补正原理如图 3-7 所示。

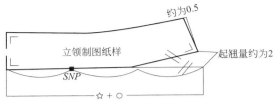

图 3-7　立领补正原理

（二）平领结构修正原理

平领制图可以在衣身纸样上直接绘图，基本裁剪方法是搭位量的确定。通常平领搭位量是搭过前肩线的 1/4，根据实验得知，搭位量为 2.5cm 时，领台高约为 0.5cm；当搭位量为 4cm 时，领台高约为 1cm。领角的形状设计比较自由，因为其不影响平领的内部结构。平领补正原理如图 3-8 所示。

（三）连体企领结构补正原理

连体企领（俗称一片翻领）的变化原理主要表现在领面宽度的变化，当领面增宽时，领外围线应适量增长，以保证领面的造型与人体前后颈肩更加贴合。倘若只增加领外围线的长度，同时上领口线基本保持不变，则需要加大领片的弯曲程度。总之翻领的领面宽度越宽，领面的弯曲程度越大。翻领的裁剪是依据直领进行改进，即将长方形直领平均剪切，使得外领口尺寸加长，长方形的领子变成扇形，装领线变成弧线，同时后中心线提高。此时，领子翻折后盖住领外围线，容易翻折。连体企领补正原理如图 3-9 所示。

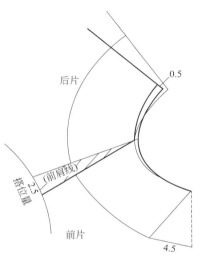

图 3-8　平领补正原理

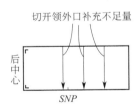
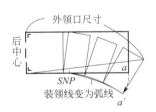

图 3-9　连体企领补正原理

翻领松度包含两个方面内容：一方面是基本松度；另一方面是变动松度。基本松度是指领子成型后，领座处内圆与翻领处外圆，因面料和领衬的厚度，使内外圆圆周产生一定的长度差，只有适量增加翻领外围的长度，才能使领座与翻领自然吻合，这个长度差称为自然松度。基本松度仅适用于翻领宽度大于领座宽度 0.5～1cm 的范围内，当超过这个范围时，领子的外口会受到肩部的制约，就需要增加变动松度。连体企领观察实验如图 3-10 所示。

连体企领的变化规律，其关键之处在于装领线的向下弯曲程度，即后领线的上提尺寸。在一般情况下，要使得领子自然翻折下来是将后中心上提 1.5cm 左右。上提尺寸依据领腰与领子外围线之差决定，差值越大，上提的尺寸越大，翻折后领子越平坦；差值越小，上提尺寸越小，领腰越挺。

由图 3-10 可以看出，连体企领变化的关键是领底线的弯曲程度，即后领线上提尺寸 A。

在一般情况下，为了使外领围的松量足够翻折下来，可在直角中上提 1.5cm 左右，领子才能自然翻折下来。直角上提尺寸一般依据领腰与领子外围线之差决定，差值越大，上提越高。直角上提尺寸越小，领腰越挺，越伏贴，领腰越大；直角上提尺寸越大，领子立度越差，领腰越小。当连体企领需要领面增大时，应使领底线的向下弯度增加。

图 3-10　连体企领观察实验

对宽松连体企领的采寸有较大的随意性。根据领底线弯曲位置的不同，可设计出局部造型的特殊效果。如果在领底线 1/2 处下弯，对应的肩部领面容量明显；在领底线 1/3 处下弯，领面的容量靠近前胸；如果领底线均匀下弯，那么领面容量的分配也是均匀的。在纸样应用制图中，最常用的是量取后领孔长处下弯，这样制图简单，而且较符合领型曲度与人体颈部的立体关系。判断这些造型因素是要有丰富的经验和设计意识，同时要培养对纸样结构造型的理解力、观察力和应变力，避免使用某种公式机械套用。连体企领的底线曲度与领型的关系，即底线下曲度越大，领面和领座的面积差越大，领面容量越多，以至于完全转化为扁领结构；如果领底线上曲，其结果相反，以至于完全转化为不能翻折的立领结构。连体企领补正原理如图 3-11 所示。

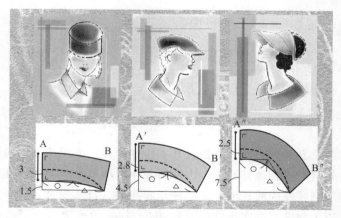

图 3-11　连体企领补正原理

（四）分体企领结构补正原理

分体企领在标准衬衫领的应用中，注意领面底线下曲度与领座上口线曲度的配合，d 小于或等于 $2c$，即两倍的底领起翘量。领面后中宽度为领座宽度加 1cm，即 $b=a+1$，以保证领面翻贴后覆盖领座。领角造型根据设计可为方形、尖角形或圆角形。衬衫领领座一般比普通立领稍微窄些。为了防止领座的装领线外露，领面的宽度需要比领座稍宽些。此外，与普通衬衫领一样，领面的外领口弧线也需要略加长一些。对于起翘量 c 和下落量 d 的关系来说，随着 d 的增大，翻领外口弧线处的松量就越大。当领座宽（a）和翻领宽（b）之间的差值越大时，d 就变得越大。分体企领补正原理如图 3-12 所示。

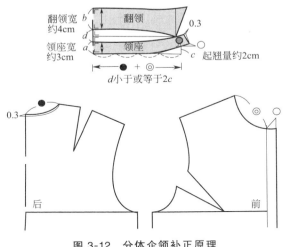

图 3-12　分体企领补正原理

（五）翻驳领结构补正原理

在翻驳领结构中，肩领（翻领）与肩胸部要求伏贴，这意味着肩领的翻折部分和领座之间的空隙很小。按照连体企领规律，必须将领底线向下弯曲，以增加肩领的外围尺寸，把这种翻驳领特有的结构称为倒伏。肩领底线倒伏是翻驳领的特有结构，然而翻驳领的伏贴度要求很高，这意味着肩领底线倒伏量不宜过大。

肩领底线倒伏量的设计，对整个领型结构产生影响。一般翻领倒伏量的平均值是 2.5cm，这与肩领领座和领面宽度差为 1cm、驳头开深至腰部左右以及翻领设有领嘴的基本结构相匹配。

1. 倒伏量过大造成弊病

假设一般翻领的结构不变，肩领底线倒伏从 2.5cm 增加到 4cm，这意味着一般翻驳领的领面外围容量增大，可能产生翻折后的领面与肩胸不伏贴。倒伏量过大造成的弊病如图 3-13 所示。

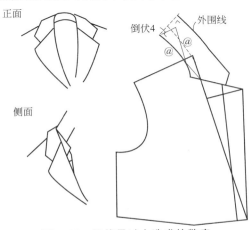

图 3-13　倒伏量过大造成的弊病

2. 倒伏量过小造成弊病

如果倒伏量为零或者小于正常的用量，使肩领外围容量不足，可能使肩胸部挤出褶皱，同时领嘴拉大而不平整。倒伏量过小造成的弊病如图 3-14 所示。

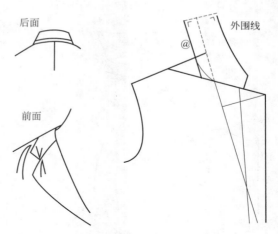

图 3-14　倒伏量过小造成的弊病

倒伏量的作用是：增大领外围线长度，避免因此长度不足引起的肩胸部褶皱和绱领线外露及领嘴拉大而不平整。

（六）帽领结构补正原理

帽领的变化原理依据领圈的结构造型，可以是一字形、圆形、V 形或 U 形，不同造型的领圈将带来不同的变化效果。帽领可以看作是由翻领上部延伸而形成帽子的结构。由于具备挡风御寒的功能，所以多用于休闲装、风衣及冬季外套。

1. 帽领基本结构

帽领一般利用衣身纸样绘图。以中性装帽为例，图 3-13 所示为两片帽领的结构，先过侧颈点画一条水平辅助线，再向上延伸前中线，与水平辅助线相交于高度大于或等于 1/2 头围尺寸，向左量取帽宽尺寸，帽宽尺寸大于或等于 1/3 头围尺寸（作一辅助矩形）。这时帽子的尺寸基本能容纳头部。从前领口圆顺画弯弧与水平辅助线相切，绘制帽底线，在帽底线上量取前后领口的长度，交辅助线于 B 点，过 B 点连线至帽后中辅助线的中点，然后圆顺地画好帽顶线至前中线。帽口线可为直线，或为弧线，但注意使帽口线与帽顶线的夹角为 90°角，以便帽口在顶缝拼接后止口平齐，由帽子结构可以看到帽子与头之间的松度同样取决于帽底线的倾斜量，即帽底线的下弯程度与绘图时所确定的帽底水平辅助线的位置密切相关。两片帽领的结构如图 3-15 所示。

2. 帽底线高度设计

当帽高与帽宽一定时，如果水平辅助线高于侧颈点，如线（1）所示位置，帽底线的弯度增大，帽子后部位高度减小，帽子与头顶之间的间隙就会变小，当头部活动时，容易造成帽子向后滑落。摘掉帽子后，帽子能自然摊倒在肩背部。如果水平辅助线低于侧颈点，如线（2）所示的位置，帽底线的弯度变小，但帽子后部位高度增大，为头部活动留有充分的空间，当头部活动时，帽子不易向后滑落，反而会使帽口前倾，摘掉帽子后，帽子会围堆在颈部。帽底线的高低如图 3-16 所示。

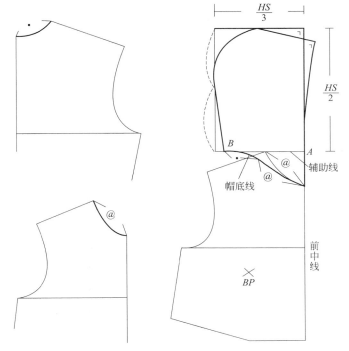

图 3-15　两片帽领的结构

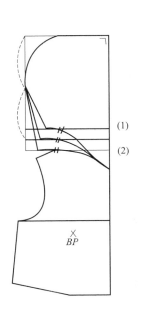

图 3-16　帽底线的高低

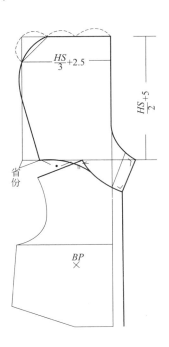

图 3-17　帽领的宽度与高度

3. 帽领的宽度与高度设计

　　冬季外套所用的帽领往往需要较大的松度。帽领宽度及帽子高度的确定，可以在实测的侧颈点至头顶尺寸的基础上考虑其造型需要增加的宽松量。由于冬季外套面料较厚，伸缩弹性较小，帽领的宽度与领口尺寸之差可作为褶量或省量均匀分布于衣身后中线及肩线所对应的一段帽领底线上。为使帽口下部能够闭合，增加保暖性，在帽口的前颈点向上以脖颈长度为限，设计搭门，并且将搭门在帽口处展宽加放出头部活动所需的松度，从而形成护颈结构。帽领的宽度与高度如图 3-17 所示。

四、衣领结构补正实例

（一）连体企领补正实例

1. 领外围不平服

领外口多余褶皱如图 3-18 所示。

（1）弊病分析　领外围不平整有多余褶皱，领翻折后外口出现褶皱。当领外口整理平服时，翻领只能翻在翻折线上侧。造成此弊病的原因，一是领子的后起翘太大，二是翻折领的凹度太大，使外围线超过设计所需长度。

（2）弊病补正　改小领底线后翘，起翘的大小应根据领座的高低、翻领的宽窄来确定，并且减小凹度将领外围线收进。

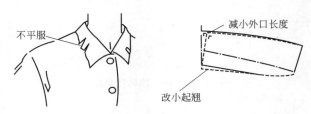

图 3-18　领外口多余褶皱

2. 底领外露

底领外露如图 3-19 所示。

（1）弊病分析　翻领翻折后，翻领翻不到翻折线位置，致使底领外露。出现此弊病的原因是领子的后起翘太小，造成外领弧线过短，使翻领外口绷紧。

（2）弊病补正　补正方法是加大领子的后翘，起翘的大小根据领座的高低、翻领的宽窄来确定，使得领子外口弧线长度增加。

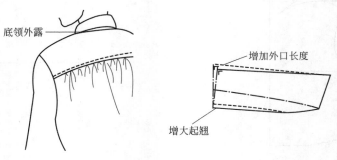

图 3-19　底领外露

3. 领子两侧不圆顺

领子两侧不圆顺如图 3-20 所示。

（1）弊病分析　衣领在两侧肩部向外豁开，呈三角形，不伏贴颈部。造成此弊病的主要原因是肩缝处领口曲线不圆顺产生凸角。

（2）弊病补正　将前后肩缝对齐，修顺领口弧线即可。

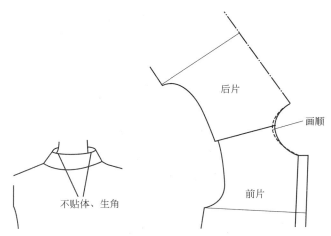

图 3-20　领子两侧不圆顺

4．前领口起空

前领口起空如图 3-21 所示。

（1）弊病分析　在前身领口附近出现不贴身体的多余皱纹，称为前领口起空。造成此弊病的主要原因是无撇胸或撇胸较小。

（2）弊病补正　加大撇胸量或将撇胸量转移到腋下省处。可根据人体胸部的造型来决定撇胸量的大小，从而使领口部位贴伏身体而不产生褶皱。

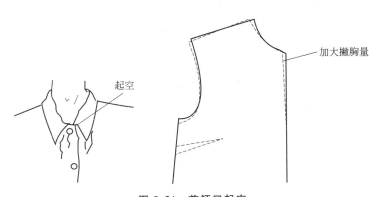

图 3-21　前领口起空

5．后领口起空

后领口起空如图 3-22 所示。

（1）弊病分析　领子离开脖颈部不伏贴，领与脖子之间空隙太大，向四周荡开，此弊病衣领被称作荡领。造成此弊病的主要原因是前、后横开领太大，后领深过大，后身袖窿过短，衣领尺寸过大等。

（2）弊病补正　适当减小前、后横开领，后领深减小，加大后衣片袖窿深，衣领适当改小。

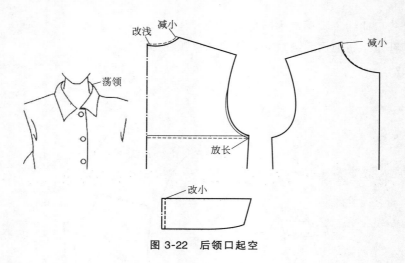

图 3-22　后领口起空

6. 侧颈部褶皱

在颈侧的领口处，出现纵向褶皱，如图 3-23 所示。

（1）弊病分析　领口宽度不足，易出现此弊病。前衣片领口处小肩吃势过大。

（2）补正方法　调整前身片领口宽，将横开领加大，画顺领口弧线。缝合肩缝时，小肩中部略吃。

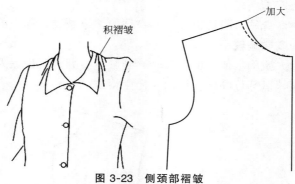

图 3-23　侧颈部褶皱

（二）分体企领补正实例

1. 领底领上口外翻

领底领上口外翻如图 3-24 所示。

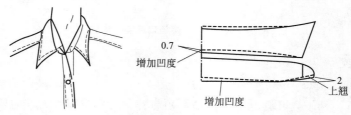

图 3-24　领底领上口外翻

（1）弊病分析　标准衬衫领属于分体企领结构，由翻领和底领组合而成，此弊病的外观表现为当领口的纽扣不扣时，在领前部的底领上口外翻。造成此弊病的主要原因是翻领部分的下曲弯度不够，致使衣领在扣好纽扣时翻领紧绷，打开纽扣时领底外翻。

（2）弊病补正　加大翻领下口的曲度，同时也加大底领下口弧线，使其曲度更加符合颈部圆台形状。

2. 衬衫领口起涌

衬衫领口起涌如图 3-25 所示。

（1）弊病分析　衬衫领前中心附近的领口起涌，主要原因是衬衫底领前面领口处的形状与衣身领孔线的形状不够吻合造成，从而使衣身在领口下方产生多余的褶皱。

（2）弊病补正　将衬衫底领与衣身领孔以前中心为起点对合进行曲线修正，使二者的曲线修正吻合。

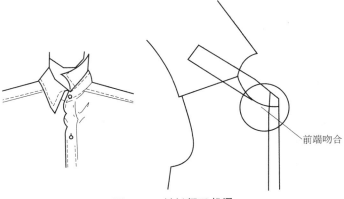

前端吻合

图 3-25　衬衫领口起涌

（三）翻驳领补正实例

1. 翻驳领前端过松

翻驳领前端过松如图 3-26 所示。

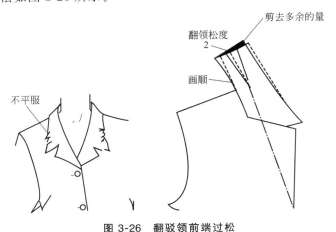

剪去多余的量

翻领松度 2

画顺

不平服

图 3-26　翻驳领前端过松

（1）弊病分析　翻驳领的前领与驳头交接部位的外口轮廓线过分宽松，致使该部位不平服，造成此弊病的主要原因是翻驳领的倒伏量过大使翻领松度过大，翻领外围曲线过长。

（2）弊病补正　减小翻领的倒伏量，使翻领外围尺寸减小，一般倒伏量为 1.5～2cm，过大或过小都会造成翻驳领的不合体现象。

2. 翻驳领前端绷紧

翻驳领前端绷紧如图 3-27 所示。

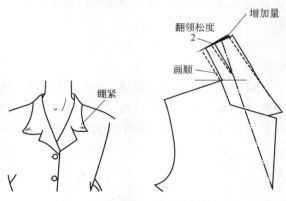

图 3-27　翻驳领前端绷紧

（1）弊病分析　翻驳领的前领与驳头交接部位紧绷，致使该部位不平服，造成此弊病的主要原因是翻驳领的倒伏量过小使翻领松度不够，翻领外围曲线过短。

（2）弊病补正　加大翻领的倒伏量，使翻领外围尺寸增加，一般倒伏量为 1.5～2cm，过大或过小都会造成翻驳领的不合体现象。

3. 翻驳领后领紧夹颈部

翻驳领后领紧夹颈部如图 3-28 所示。

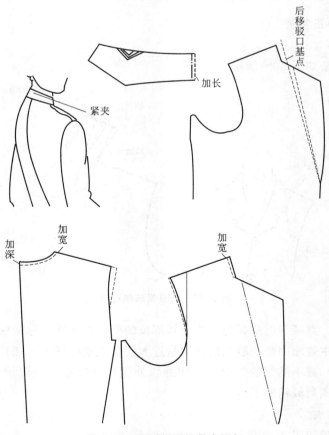

图 3-28　翻驳领后领紧夹颈部

（1）弊病分析　领翻驳线紧紧夹住脖颈，造成此弊病的主要原因，一是横开领过小，二是后领深过浅。

（2）弊病补正：适当加大前、后横开领宽度，在领子外口两肩处略拔开，适当加深后领深。

4.翻驳领后领远离颈部

翻驳领后领远离颈部如图 3-29 所示。

（1）弊病分析　翻领领腰不能贴近颈部，四周荡开，称为荡领。造成此弊病的主要原因，一是前、后横开领过宽，二是后直开领过深，三是袖窿深过小，四是翻领松度过大。

（2）弊病补正　按比例相应减小前、后横开领宽度；后直开领略改浅，一般为 2.5cm，适当加大袖窿深度，并且适当减小翻领松度。

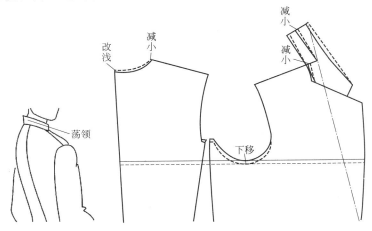

图 3-29　翻驳领后领远离颈部

5.肩领上爬绱领线外露

肩领上爬绱领线外露如图 3-30 所示。

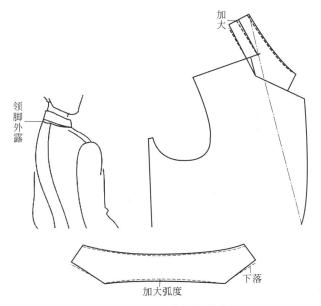

图 3-30　肩领上爬绱领线外露

（1）弊病分析　翻驳领的后领翻折线抬高，翻领上爬，使后领脚缝领线外露。造成此弊病的原因主要是翻领松度小，前领翘势太大。

（2）弊病补正　适当加大翻领（肩领）松度，减小前领翘度。

（四）帽领补正实例

1. 衣帽压顶前身吊起

衣帽压顶前身吊起如图 3-31 所示。

（1）弊病分析　连衣帽紧压头顶，衣服前襟吊起，帽侧面有斜纹。造成此弊病的主要原因是帽长过短或帽底弧线的前段过短过浅，使前襟吊起。

（2）弊病补正　增大帽长尺寸，使其符合头部的实际长度，并且留有一定的活动量，将帽底口前段加深。

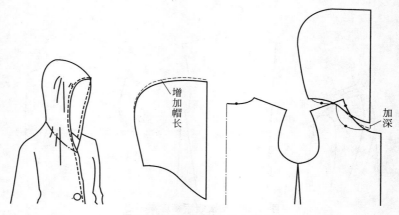

图 3-31　衣帽压顶前身吊起

2. 衣帽压顶后身吊起

衣帽压顶后身吊起如图 3-32 所示。

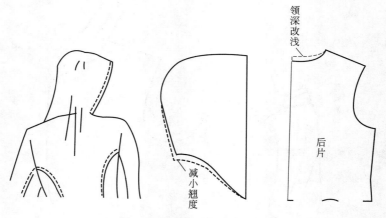

图 3-32　衣帽压顶后身吊起

（1）弊病分析　连衣帽紧压头顶，后身起吊，衣服下摆向后荡开，前门里襟下端豁开，造成此弊病的主要原因是帽底后中心处翘势过大、帽子后部高度不足或后衣片领深过大。

（2）弊病补正　减小帽子底部后中心处的翘度，增加帽子的高度，将后衣片领深改浅。

3. 衣帽底部起空

衣帽底部起空如图 3-33 所示。

（1）弊病分析　衣帽底部在侧面及后面起空，不符合头部造型，造成此弊病的原因主要是前后片领宽过宽，后片领深过大；帽子后中的翘度过小或省量不足。

（2）弊病补正　改窄前后片领宽、后领深改浅，在帽底处收省或将省量融入三片式帽子的分割线中。

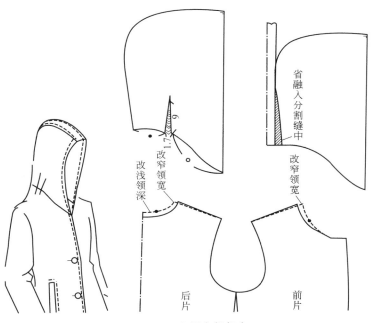

图 3-33　衣帽底部起空

4. 衣帽底部堆褶不平服

衣帽底部堆褶不平服如图 3-34 所示。

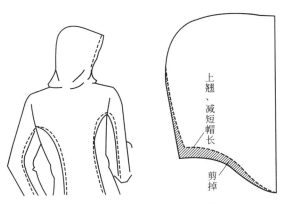

图 3-34　衣帽底部堆褶不平服

（1）弊病分析　连衣帽后部过长，有多余褶皱堆在帽底口处，出现此弊病的主要原因是帽底后中心处的翘势太小，使帽子后部过长而出现堆褶。

（2）弊病补正　加大帽底后中心的翘势，从而减少帽子后部的长度，但仍需要留有一定的活动量。

第二节　衣袖结构补正原理

一、袖窿深度补正原理

1. 挺胸体

挺胸体与正常体袖窿对比如图 3-35 所示。虚线为正常体轮廓线型，实线为挺胸体轮廓线型，N、S、C、D 为正常人体肩线、袖窿眼上的点。N 为侧颈点，S 为肩端点，C 为胸宽点，D 为背宽点。

挺胸体袖窿深度补正原理如图 3-36 所示。虚线为正常体表面线型，实线为挺胸体表面线型。H 水平线为立体袖窿底线。由于挺胸状态时，通常伴随着后倾，形成肩端点后移，锁骨凸出程度增大，肩胛骨凸出程度减小，使肱骨头与三角肌构成臂根部上部表面前后线型的曲率与正常体型形成了差异。构成胸宽点至肩端点的前袖窿眼线型长度挺胸体大于正常体，构成背宽点至肩端点的后袖窿眼线型长度挺胸体小于正常体，根据以上挺胸体与正常体 H 线以上至前后袖窿眼线型长度的比较，在袖窿眼高度不变的情况下，挺胸体前袖窿深尺寸大于正常体前袖窿深尺寸。随着挺胸程度越大，构成前袖窿深尺寸越大，后袖窿深尺寸越小。

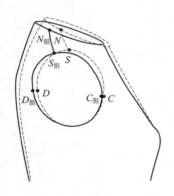

图 3-35　挺胸体与正常体袖窿对比

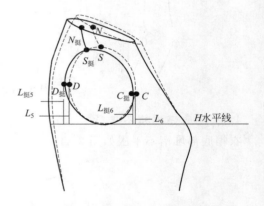

图 3-36　挺胸体袖窿深度补正原理

2. 驼背体

驼背体与正常体袖窿对比如图 3-37 所示。虚线为正常体轮廓线型，实线为挺胸体轮廓线型，N、S、C、D 为正常人体肩线、袖窿眼上的点。N 为侧颈点，S 为肩端点，C 为胸宽点，D 为背宽点。

驼背体袖窿深度补正原理如图 3-38 所示。虚线为正常体轮廓线型，实线为驼背体表面线型。H 水平线为立体袖窿底线。构成胸宽点至肩端点的前袖窿眼线型长度驼背体小于正常体，构成背宽点至肩端点的后袖窿眼线型长度驼背体大于正常体，宽点、背宽点作袖窿底线垂线的组合比较图。由于驼背状态时，通常伴随着前倾，形成肩端点前移，肩胛骨凸出程度增大，锁骨凸出程度减小。在袖窿眼高度不变的情况下，驼背体前袖窿深尺寸小于正常体前袖窿深尺寸；驼背体后袖窿深尺寸大于正常体后袖窿深尺寸。随着驼背程度越大，构成前袖窿深尺寸越小，后袖窿深尺寸越大。

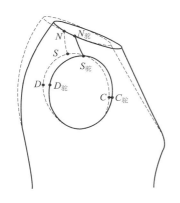

图 3-37　驼背体与正常体袖窿对比

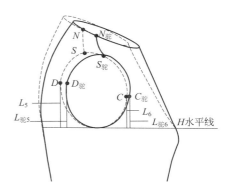

图 3-38　驼背体袖窿深度补正原理

二、袖窿形状补正原理

（一）袖窿上部补正原理

1. 挺胸体

挺胸体袖窿上部补正原理如图 3-39 所示。虚线为正常体轮廓线型，由于挺胸体锁骨凸出程度增大，肩胛骨凸出程度减小，使肱骨头与三角肌构成臂根部上部表面前后线型的曲率与正常体形成了差异。挺胸体的前凹势大于正常体的前凹势；挺胸体的后凹势小于正常体的后凹势。

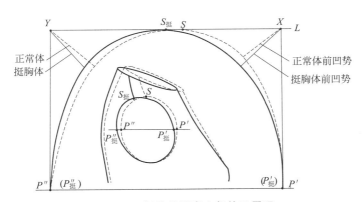

图 3-39　挺胸体袖窿上部补正原理

2. 驼背体

驼背体袖窿上部补正原理如图 3-40 所示。虚线为正常体轮廓线型，实线为驼背体轮廓线型，由于驼背体锁骨凸出程度减小，肩胛骨凸出程度增大，使肱骨头与三角肌构成臂根部上部表面前后线型的曲率与正常体形成了差异。驼背体的前凹势小于正常体的前凹势；挺胸体的后凹势大于正常体的后凹势。

（二）袖窿下部补正原理

1. 挺胸体

挺胸体袖窿下部补正原理如图 3-41 所示。虚线为正常体轮廓线型，实线为挺胸体轮廓

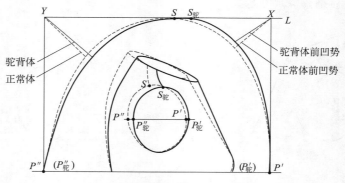

图 3-40　驼背体袖窿上部补正原理

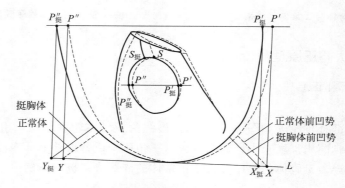

图 3-41　挺胸体袖窿下部补正原理

线型，由于挺胸体锁骨凸出程度增大，肩胛骨凸出程度减小，使肱骨头与三角肌构成臂根部下部表面前后线型的曲率与正常体形成了差异。挺胸体的前凹势小于正常体的前凹势；挺胸体的后凹势大于正常体的后凹势。

　　2. 驼背体

　　驼背体袖窿下部补正原理如图 3-42 所示。虚线为正常体轮廓线型，实线为驼背体轮廓线型，由于驼背体锁骨凸出程度减小，肩胛骨凸出程度增大，使肱骨头与三角肌构成臂根部下部表面前后线型的曲率与正常体形成了差异。驼背体的前凹势大于正常体的前凹势；驼背

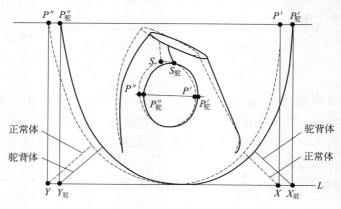

图 3-42　驼背体袖窿下部补正原理

体的后凹势小于正常体的后凹势。

三、绱袖结构补正原理

（一）袖山长度

袖山长度包括两个概念：一个是指纸样绘制中由袖中线顶点向袖肥线外端点所划的线段的长度，即称为袖山线段长；另一个是指纸样绘制中由袖中线顶点向袖肥线外端点所划的曲线的长度，即袖山曲线长。由于袖山长度与袖窿弧长具有最密切的关系，袖山线段长＝袖窿弧长/2（即 $AH/2$）加一个调整数，用以把握袖山弧线的长度，使得不管袖子造型要求的角度如何变化，以及胸围放松量引起的袖窿弧线尺寸如何变化，袖山曲线与袖窿弧线都能吻合。袖山曲线与袖窿弧线的配合如图 3-43 所示。

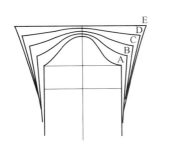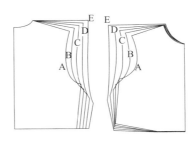

图 3-43　袖山曲线与袖窿弧线的配合

（二）袖山高度

袖山高指的是由袖山顶点到落山线的距离。袖山高是由袖窿深（腋窝位置的上下设定）、装袖角度、装袖位置（肩部的上袖位置）、垫肩厚度、装袖缝型以及面料特性（衣料厚薄）等多个因素决定的，其直接影响衣袖的合体程度和外观造型。其中上袖位置以及面料特性会影响袖长的变化。以下分别对这些要素进行论述。

1. 袖窿深与袖山高的关系

袖窿深是指从衣片落肩线至胸围线之间的距离。袖长根据腋窝水平线（落山线）分为袖山高和袖下长两个部分。对于腋窝位置来说，无论是在衣身原型还是在其他衣片纸样中，通常把袖窿最低位设定在从人体腋窝开始略为向下的位置上，袖子也随之把袖肥线设定在从人体的腋窝开始稍微向下的位置上，因此袖山高的高度就会随之增加。

文化式原型的袖窿深度大约设定在从人体腋窝点下落 2cm 处，如图 5-5 所示，人体中的"a"数值加上 2cm，即可得到袖山高。对于大衣类等服装，由于多层重叠穿着，衣片袖窿下落较多，一般以袖窿下落量的一定比例追加袖山高。以此为原则，在袖长保持不变的前提下，从袖肥线向下移动一定的量即可。

袖窿深的取值同服装的宽松程度有关。衣服越是宽松肥大，袖窿深越深，反之则越浅，袖窿深的大小也直接影响服装穿着的舒适程度。例如对于西装袖而言，在胸围不变的情况下，袖窿越深，上肢活动越受限制，而随着袖窿深变浅，袖肥增大，上肢活动越舒适。从审美角度上说，袖窿深越深，袖型越立体，腋下堆积的面料越少，穿起来显得干净利落、造型美观。袖窿深与袖山高的关系如图 3-44 所示。

2. 装袖角度与袖山高的关系

绱袖角度是针对袖子造型和绱袖设计的，当手臂抬起到一定程度使袖子呈现出完美状态

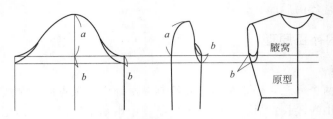

图 3-44　袖窿深与袖山高的关系

——袖子上没有褶皱，腰线和袖口没有牵扯量的角度。袖子造型要求的倾斜角度不同，装袖角度就不同，袖山高也在随之变化。可以用袖中线与袖山斜线的夹角——袖斜线倾斜角度来描述这一变化，因为袖子越宽松，袖的活动性与机能性也就越好，袖肥要求就越大，在袖窿弧线长（AH）一定的情况下，袖山高就越小，袖斜线倾角就越大。反之，袖子越合体，袖肥相应就越小，袖山高就会变大，此时袖斜线倾角就变得相对较小。与缩袖角度相对应的袖山高的增减是在袖肥线的上、下处进行的，由于袖长没有变化，所以缩袖角度大的时候袖下线会变长，袖子也就更加便于活动。图 3-45 为装袖角度与袖山高的关系。

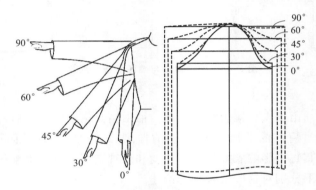

图 3-45　装袖角度与袖山高的关系

袖子的缩袖角度需要随设计和动作姿势等因素而进行调整变化。

在衬衫和女礼服类型中，使用比较多的袖型是在下垂状态时会有褶皱，将手臂向上侧抬至一定的角度，褶皱就会消失，该袖子的基本姿态是缩袖角度在 20°～45°范围内变化。

3. 装袖位置与袖山高的关系

由于各种袖子的造型设计不同，缩袖位置并不一定与臂根围线重合。普通装袖的缩袖位置一般设定在从肩峰外侧端点稍微向内一些的地方；原型袖是缩袖线位置设定在臂根围线附近；落肩袖即肩宽增加而袖山相应下落降低的情况，在肩下落量大于 3cm 的情况下，衣片的形态呈舒适宽松的状态，缩袖角度也随之变化，而袖山则为低袖山；加入垫肩时，肩宽比人体的肩宽稍大，加入垫肩抬起肩头，只需追加垫肩部分的量，袖子上所构成的复杂曲面面积最小，吃缝量也变小。装袖位置受肩宽和流形趋势的影响而变化，不同的个体和袖型设计，人体测量值"a"所对应的袖山高尺寸是不同的。

随着缩袖位置的变化，袖山高就不同，袖长也会随之而变化。比如普通装袖中肩宽最窄，由于人体肩头的复杂曲面全部被袖山包覆住，袖山高相对于人体臂根线为止的上臂上部外侧长变长，袖山高就会向上方追加，缩袖吃缝量随之加大，袖长也相应增加。装袖位置与袖山高的关系如图 3-46 所示。

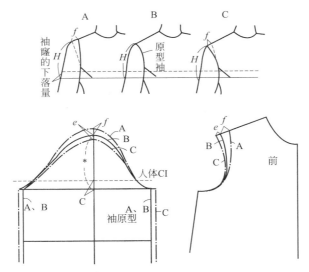

图 3-46　装袖位置与袖山高的关系

（三）袖子肥度

袖肥袖根宽度需要在上臂最大围度的基础上再追加一定的松量，同时必须考虑到绱袖处袖子的饱满量。在考虑到所有因素后，袖子在前、后上臂最大围度处至少需要各自留出 1cm 左右的空隙量。袖原型的袖肥在上臂最大围度尺寸的基础上追加 4cm 的松量。

在文化式袖原型的制图方法中并没有指定袖肥，而是在决定袖山高的基础上，利用袖窿尺寸形成袖山斜线长，依据这一制图顺序来确定袖肥。如果以人体上臂最大围为出发点，利用上臂最大围＋4cm 进行制图，然后通过袖山斜线的长度修正衣片的袖窿尺寸。

袖肥容易受到流行因素的影响，与原型袖相比，应用的袖肥会随着时代的变化而变化，因此把握袖子与人体尺寸之间的关系是非常重要的。

（四）袖中线

在袖子纸样的设计中，袖中线的绘制，必须要考虑人体手臂的前倾趋势以及手臂与躯干连接的倾斜角度等因素。人体手臂在自然下垂状态时，手臂从肘关节向上上臂基本保持垂直，肘关节下面的前臂则是呈现前倾状态，一般平均前倾尺寸在 5cm 左右，角度在 6° 左右（图 3-47）。由于手臂前倾，所以在制作合体袖片纸样的设计过程中，必须考虑与之匹配的袖子的整体前倾角度和尺寸。

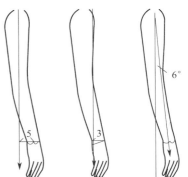

图 3-47　手臂的前倾尺寸

（五）袖山饱满度

普通装袖的绱袖缝头一般倒向手臂一侧，另外为了形成肩头的饱满形状，需要在袖山曲线的上半部分加入吃缝量。针对这些绱袖时的缝制要素，对不同的布料厚度需要增加布料的造型饱满量，细平布等薄型面料加入 0.1～0.2cm，大衣等纸样设计中袖山的饱满度追加量一般是 0.5～0.7cm。饱满量是从袖山上部追加的，因此作为纸样的袖长虽然会变长，但由于在缝制过程中转化为缝线处的袖山饱满量。成品的袖长不会发生变化。袖山饱满量的尺寸很小，但作为与袖子纸样设计相关的因素，除了人体和袖子之间的关系之外，还受到面料特性、缝制因素的影响。当绱袖缝头劈缝或者倒向衣身一侧时，不需要追加袖山饱满量。袖山饱满量的设计如图 3-48 所示。

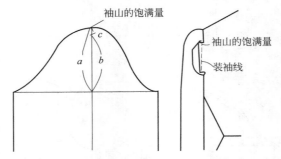

图 3-48　袖山饱满量的设计

（六）绱袖容量

绱袖部位的衣片袖窿弧长和袖山弧长有一定的对应关系。袖窿弧长和袖山弧长不一定完全相等，利用袖山高所形成的袖片，通常袖子纸样的袖山弧线要比衣片的袖窿弧长长，这个差值就是装袖容量（吃缝量）。利用吃缝量可以构成袖山部分的复杂曲面。随着绱袖角度的增加，袖山高随之减少，吃缝量也相应减少。以静立的姿态为前提时，肩宽比较窄时，绱袖所形成的复杂曲面面积较大，吃缝量随之增加。通常从前、后腋点越向上，需加入吃缝量越大，吃缝量最多可以达到 6cm 左右。绱袖容量如图 3-49 所示。

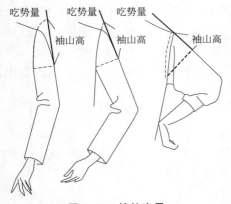

图 3-49　绱袖容量

（七）袖窿变化

普通装袖的衣身袖窿有多种变化，如袖窿开深使其尺寸变大或者袖窿加宽（加入衣身松量或加大窿门宽比例）。因此在绘制与衣片袖窿变化相对应的袖子纸样时，就需要考虑绱袖角度是否变化，是改变袖肥还是改变袖山高来加大袖山曲线长度。

1. 袖窿开深

在袖窿下降开深时，袖窿曲线长度变大，袖山曲线长度也应该随之增大。要想使袖山曲线尺寸增大，一种是不改变绱袖角度的前提下，另一种是改变绱袖角度，现在分述如下。

（1）不改变绱袖角度　静立姿势为前提的下垂状态袖子，袖窿下落开深变大的情况下，通过下落落山线来增加袖山高。注意当衣片袖窿的下落量超过 3cm 时，如果按照此方法同样再追加袖山高，就会妨碍手臂的运动，因此在这种情况下需要微调绱袖角度。此时需要在一定程度上控制袖山高，然后利用与前后袖窿等长的袖山斜线来确定袖肥。袖窿开深绱袖角度不改变如图 3-50 所示。

（2）改变绱袖角度　当衣片袖窿下落时，不改变袖山高，只增加袖肥尺寸，此时绱袖角度增大，缝合后的袖子不会呈下垂状态，而绱袖角度在侧面稍微打开一定的量。袖窿开深绱袖角度改变如图 3-51 所示。

2. 袖窿加宽

当衣身松量加大时，袖窿加宽，袖窿曲线长度变大，袖山曲线长度也应该随之增大。要

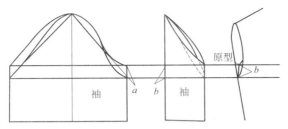

图 3-50　袖窿开深绱袖角度不改变

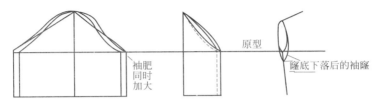

图 3-51　袖窿开深绱袖角度改变

想使袖山曲线尺寸增大，一种是在袖山高度不变的前提下，只加大袖肥，另一种是将袖山高降低，而袖肥大幅度增加，现将两种情况分述如下。

（1）不改变袖山高的情况　衣片的袖窿由于衣身加入松量而变大，原则上不改变袖山高，只增加袖肥即可。袖山高不变，此时袖肥加大量较小，绱袖角度在侧面稍稍打开。袖窿加宽不改变袖山高的情况如图 3-52 所示。

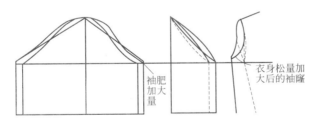

图 3-52　袖窿加宽不改变袖山高的情况

（2）改变袖山高的情况　衣身加入松量之后袖窿变大，降低袖山高，袖肥因而加大。在图 3-53 中，绱袖角度约为 70°，是侧抬状态的宽松袖，因而便于手臂的多方位活动。此时袖山高降低，袖肥大大增加，适合宽松袖设计。

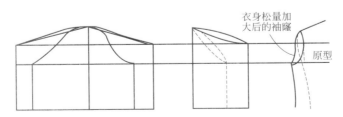

图 3-53　袖窿加宽改变袖山高的情况

以上四种袖窿开深与装袖角度情况如表 3-1 所示。

表 3-1　袖窿开深与装袖角度

缂袖角度 袖窿变化	不改变缂袖角度	改变缂袖角度
袖窿下降（开深）	● 袖山高增加＝袖窿下落量 ● 袖肥不变 ● 适合静态姿势的缂袖角度	● 袖山高不变 ● 袖肥加大 ● 缂袖角度在侧面稍打开
袖窿加宽	● 袖山高不变 ● 袖肥加大 ● 适合动态姿势的缂袖角度	● 袖山高降低 ● 袖肥加大 ● 适合宽松袖便于手臂多方位活动

（八）缂袖角度

1. 缂袖角度与袖山斜线

缂袖角度与袖型和袖子的功能性有直接的关系。静立姿势下缂袖角度为基本的下垂状态袖子；在某种特定动作姿势的情况下，加大缂袖角度时，成为宽松袖型，便于手臂的多方运动。根据设计的不同，普通装袖的衣身袖窿也会有多种变化，如下挖袖窿使其尺寸变大或者是通过加入衣身松量使袖窿变大等。因此，在考虑与衣片袖窿变化相对应的袖子纸样时，也需要考虑缂袖角度的变化与否。缂袖角度与袖山斜线如图 3-54 所示。

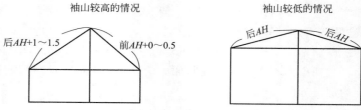

袖山较高的情况　　　　　　袖山较低的情况

后 AH+1～1.5　　前 AH+0～0.5　　后 AH　　后 AH

图 3-54　缂袖角度与袖山斜线

2. 利用缂袖角度设定袖山斜线长

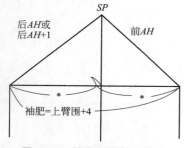

SP

后 AH 或 后 AH+1　　前 AH

袖肥＝上臂围+4

图 3-55　袖山斜线长度确定

度确定如图 3-55 所示。

当衣身的袖窿曲线绘制完毕后，前后袖窿曲线的长度就已经确定。在量取前、后袖窿弧长之后，为了构成肩头部位的复杂曲面结构，袖山斜线的长度可根据需要比袖窿弧长略长些。以静立姿势为前提的袖子，由于构成复曲面的面积比较大，要求吃缝量比较多，前袖山斜线长在衣片袖窿弧长的基础上需要追加 0.5cm 左右，后袖山斜线长在衣片袖窿弧长基础上追加 1～1.5cm。另外，对于便于运动的低袖山袖子，前、后的袖山斜线长取袖窿尺寸就可以了。袖山斜线长

（九）装袖线

1. 装袖线与袖型

装袖位置可以随着设计的变化而改变，可设定在臂根线的周围，如普通装袖，普通装袖在人体侧面把袖窿作为对合线缂合袖子，除了袖山高极低的袖子之外，大多数具有立体造型感。即由衣身侧面与袖子的内侧面相对应形成立体造型。从袖子的设计来看，随着缂袖线位置的变化和款式的变化会形成不同的袖型，有时也会出现没有缂袖线的袖子。缂袖线与袖型如图 3-56 所示。

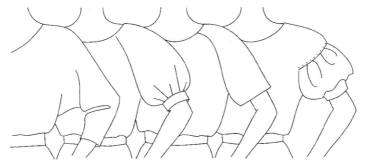

图 3-56　绱袖线与袖型

2. 装袖线与袖立体度

根据立体感不同可以将袖子分为两组：一组是与普通装袖的立体造型相接近的立体袖型组（如插肩袖、连肩袖、育克袖、连身袖等）；另一组是稍有平面感或完全是平面状态的落肩袖和平袖等。通过对细部进行比较，发现插肩袖、育克袖的立体感与普通装袖的立体感又不同。在普通装袖中，袖子的肩头部分通过加入吃缝量形成了肩头部的复曲面；而在插肩袖类型中，则是由肩线与袖山线连成曲线构成肩头曲面。前、后肩部和袖部是由两块连续的布片构成的，所以很难形成肩部的复曲面结构。

四、插肩袖结构补正原理

1. 基本插肩袖的绘制

按照插肩袖的设计要求，在衣片上加入一定的松量。制图步骤和要点如下。

（1）确定袖中线的倾斜度。同时延长原型衣片的肩线，从肩点处量取一定的尺寸，此处设为 14cm，作该线的垂线并量取设定尺寸（此处设 7cm），求出袖中线的倾斜度。

（2）设定袖中线的倾斜度之后，从肩点处向下确定袖山高之后画出垂直的袖根肥线。袖山高会因绱袖角度的不同而不同，则从肩点处向下量取原型的袖山高。

（3）确定 O 点，在一般情况下，插肩线从原型袖窿弧线的前腋点高度附近来确定 O 点。这样设计的结果会使手臂活动比较方便，着装效果也比较好。

（4）把衣片插肩线的长度沿着对位点画弧线平滑至袖根肥线，进而决定袖肥。以在 O 点位置上部的插肩线作为袖片和衣片共用线，在下部袖片和衣片的轮廓则成相反的弧度，在袖根肥线上量取与插肩袖袖窿相同的尺寸，最终确定该曲线。

（5）确定袖长和袖口尺寸，画袖下线。此插肩袖采用的是与袖原型相同的袖中线倾斜度和袖山高，与普通装袖相比，插肩袖有相对宽松的袖肥，运动性能良好。从装袖到插肩袖如图 3-57 所示。原型插肩袖的绘制如图 3-58 和图 3-59 所示。

2. 袖山高的变化

袖山高随着袖窿深度和衣身松量的变化而变化。在合体套装、大衣类服装的袖中线倾斜度比较大，穿着时接近下垂状态，当衣身的松量在一定程度上增加时，袖窿在插肩袖原型的基础上开深，袖片与衣片采用相同的下落尺寸，通过增加袖山高，使袖落山线下落，在不改变绱袖角度的前提下绘制袖子纸样。但当衣身在原型袖窿的基础上下落量大于 3cm 时，袖山高如果也增加相同的量，手臂就会难以抬起，影响实用性。插肩袖的袖山高变化如图

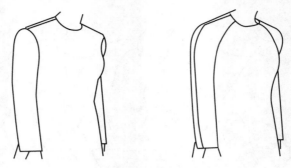

图 3-57　从装袖到插肩袖

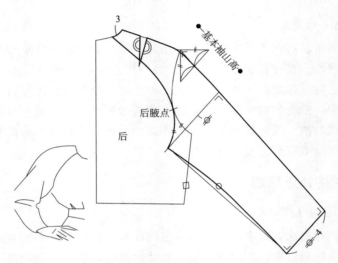

图 3-58　原型插肩袖的绘制（后片）

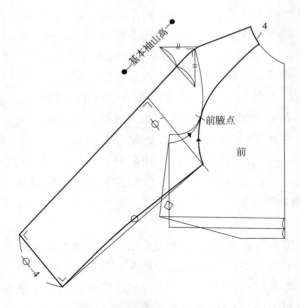

图 3-59　原型插肩袖的绘制（前片）

3-60 所示，当袖窿下落超过 3cm 以上时，袖山高的增加量要逐渐减少，以改善运动功能。

3. 袖中线角度的变化

以插肩袖原型的构成方法为基础，改变构成因素的相关条件，可以绘制出需要的各种插肩袖纸样。在绱袖角度发生变化时，衣身造型和袖子造型等构成因素是同时变化的。现总结如下。

（1）对于袖中线倾斜角度来说，日常穿着的上衣类款式如果希望设计得便于活动时，袖中线倾斜角度越大越好。但是在这种情况下，手臂下垂时，袖中线倾斜角度越大，臂根处的褶皱就会越多。

（2）袖中线倾斜角度随袖山高的降低适度加大，与袖山高变化相符合，袖山高比插肩袖原型低，同时袖肥加大，袖下线尺寸变长，便于活动。

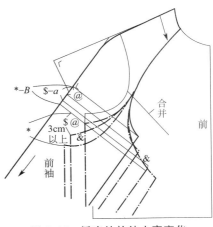

图 3-60　插肩袖的袖山高变化

（3）人体静立时手腕前端至肩点下垂线的水平距离平均值约为 5cm。在插肩袖中，袖中线常常作为分割线，袖口倾斜量约为手臂前倾量的 1/2，袖中线在袖口处向前移动 2～3cm。前、后袖中线倾斜角度差加大的原因是，希望与手臂的前倾趋势相吻合，把袖中线在袖口侧向前调节。

根据不同的绱袖角度，袖中线倾斜度也随之发生变化。袖山高越高，绱袖角度越小，不便于运动。袖山高虽可以随袖窿下落量同步增加，如果从便于运动的角度来看，袖山高要适度降低。袖山底部与衣片的袖窿底部会产生交叉重叠量，当插肩袖设计成垂袖型时，就会产生类似图中插肩袖原型所示的很大的交叉面积。交叉重叠面积越大，袖子立体度就越好，也就越接近于下垂袖状态；反之，交叉面积越小，就会形成袖中线倾斜度宽松的休闲袖。若没有交叉重叠量，则形成平面造型的蝙蝠袖、平袖（如中式服装袖）。插肩袖绱袖角度的变化如图 3-61 所示。

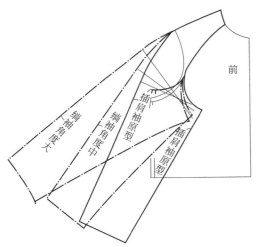

图 3-61　插肩袖绱袖角度的变化

五、衣袖结构补正实例

（一）绱袖弊病补正实例

1. 袖山起泡

袖山起泡如图 3-62 所示。

（1）**弊病分析**　袖山弧线尺寸过大，与袖窿尺寸不匹配，使装袖时袖山吃势过大，造成袖山不圆顺起泡出褶。

（2）**弊病补正**　适当调整袖山高和袖肥尺寸，减小袖山弧线尺寸。也可以通过加大袖窿深线来调整袖窿尺寸，使之与袖山尺寸匹配。通常袖子的绱袖吃势量在 3cm 左右。

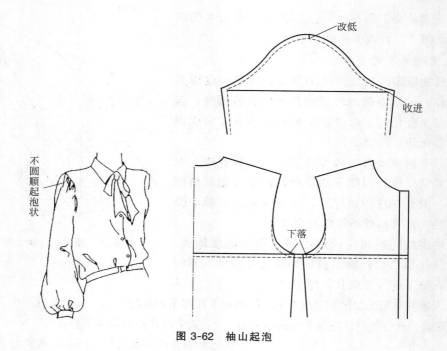

图 3-62　袖山起泡

2. 袖子跑偏

袖子跑偏如图 3-63 所示。

（1）弊病分析　袖子偏前或偏后，造成此弊病的主要原因是没有准确地确定出袖山装袖点的位置或在装袖的过程中袖山弧线抽拢得不均匀，导致装袖不均匀，偏前或偏后，产生纵向褶纹。

（2）弊病补正　调整并确定袖山装袖点中间线的位置，做好袖山顶点的标记，缝制时按要求均匀抽拢袖山弧线，对准装袖点，吃势要符合要求。

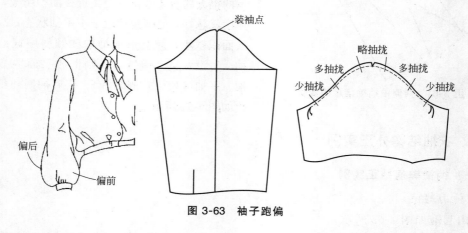

图 3-63　袖子跑偏

3. 袖口不平

袖口不平如图 3-64 所示。

（1）弊病分析　袖口不平服，短袖的袖口在袖底线与袖口线的交点处往往会出现凹形，产生不平服现象，造成此弊病的主要原因是短袖的袖底线较直，与袖口线没有形成直角。

（2）弊病补正 将短袖袖底缝处略向内凹进画成弧线，使其与袖底边形成直角。遇到锥形袖口时，可以将袖口线画成向内凹的弧线，遇到喇叭形袖口时将袖口线画成向外凸的弧线，从而使袖口线与袖侧缝线成直角，使袖口平服。

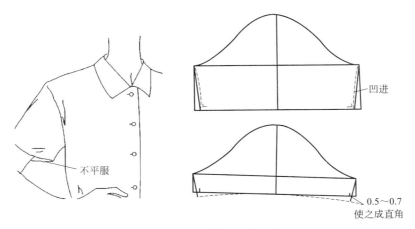

图 3-64　袖口不平

（二）插肩袖弊病补正实例

1. 插肩袖肩端起鼓

插肩袖肩端起鼓如图 3-65 所示。

（1）弊病分析 插肩袖肩端处起涌，肩端部位不平服，有余量涌起，造成此弊病的主要原因是由于肩端处弧线过满、不圆顺，肩部余量过大与肩部造型不符。

（2）弊病补正 将肩端部位的弧线画圆顺，将多余的部分剪掉，使其适合于肩部造型。

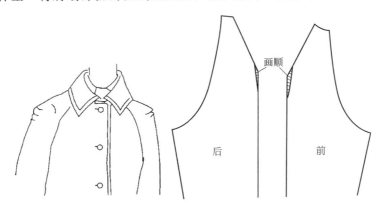

图 3-65　插肩袖肩端起鼓

2. 插肩袖袖缝不齐

插肩袖袖缝不齐如图 3-66 所示。

（1）弊病分析 插肩袖袖缝不平服，袖缝处斜丝拉伸，边缘有褶皱，造成此弊病的主要原因是袖片弧线长度与衣片的袖窿弧线长度不相等，在缝合衣片与袖片时，袖缝斜丝拉伸，使袖缝边缘处不平服。

（2）弊病补正 适当调整袖山高或袖窿深，画顺袖缝弧线，使其与衣片的袖缝弧线等长。

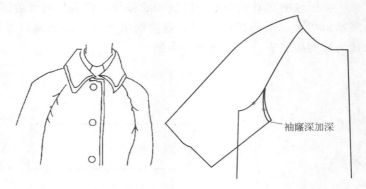

图 3-66　插肩袖袖缝不齐

3. 插肩袖腋下起皱

插肩袖腋下起皱如图 3-67 所示。

（1）弊病分析　插肩部位有褶皱，当手臂放下后插肩袖腋下余量过多，造成此弊病的主要原因是袖中线的角度太大，使得插肩袖腋下的余量过多。

（2）弊病补正　改插肩袖袖中线的倾斜角度，一般中性插肩袖的袖中线倾斜角度在 45°左右，大于这个角度时活动量加大，但腋下余量增大，影响美观，详细插肩袖补正原理参见本章第二节。

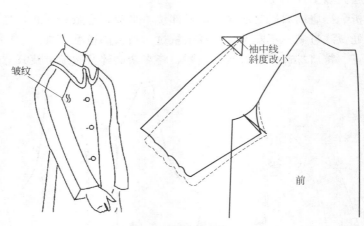

图 3-67　插肩袖腋下起皱

4. 插肩袖肩胸部紧绷

插肩袖肩胸部紧绷如图 3-68 所示。

（1）弊病分析　插肩袖肩胸部绷紧、压肩、活动受限，从外观看袖缝两侧有横纹，造成此弊病的主要原因是落肩斜度过大，袖中线斜度夹角偏小，袖缝弧线凹势过大，使得肩胸部绷紧手臂影响活动。

（2）弊病补正　根据人体肩斜度，将肩线提高，增加插肩袖袖中线角度，一般在 45°左右。同时袖缝的凹势要减小，从而使胸部与肩部平服，有足够的活动量。

5. 插肩袖臂根部紧绷

插肩袖臂根部紧绷如图 3-69 所示。

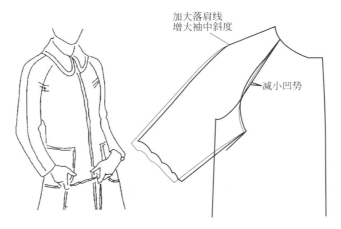

图 3-68　插肩袖肩胸部紧绷

（1）弊病分析　插肩袖臂根部卡紧，活动受限，衣袖处不平服，造成此弊病的主要原因是前后衣片袖窿深过浅，插肩袖袖肥不够。

（2）弊病补正　将袖窿深加大，画顺袖缝弧线；适当加大袖肥，画顺袖缝弧线并使衣身与插肩袖两缝等长，修掉多余部分。

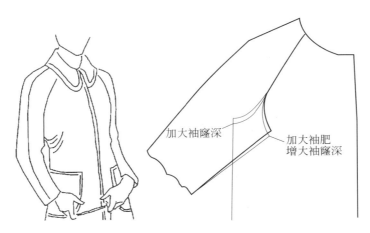

图 3-69　插肩袖臂根部紧绷

6. 插肩袖袖身歪斜

插肩袖袖身歪斜如图 3-70 所示。

（1）弊病分析　袖子不平服有斜向褶纹，造成此弊病的主要原因是袖片纱向偏斜或缝合面、里袖口时，袖缝没有对准，错位较大使袖子拧劲。

（2）弊病补正　摆正袖片纱向，确保袖中缝为直丝，上下层衣料按住剪准，不能出现偏斜现象。

7. 插肩袖袖口不平

插肩袖袖口不平如图 3-71 所示。

（1）弊病分析　插肩袖袖口不齐，造成此弊病的主要原因是袖口线与袖中线不垂直。

（2）弊病补正　按袖长尺寸要求量准后重新画袖口线，使袖口线与袖中缝线垂直。

图 3-70　插肩袖袖身歪斜

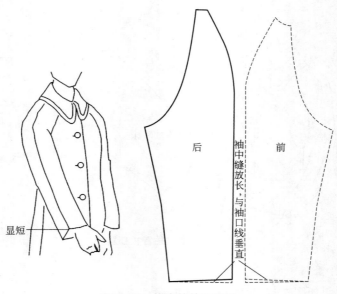

图 3-71　插肩袖袖口不平

第三节　肩部结构补正原理

一、肩线长度补正原理

1. 挺胸体肩线长度补正原理

挺胸体肩线长度补正原理如图 3-72 所示。虚线为正常体轮廓线型，实线为挺胸体轮廓线型，B、N、F、S 为正常人体领孔线、肩线上的点，B 为后颈点，N 为侧颈点，F 为前颈点，S 为肩端点。$B_{挺}$、$N_{挺}$、$F_{挺}$、$S_{挺}$ 为挺胸体领孔线、肩线上的点，$B_{挺}$ 为后颈点，$N_{挺}$ 为侧颈点，$F_{挺}$ 为前颈点，$S_{挺}$ 为肩端点。由于挺胸状态时，前身横剖面线型的曲率增大，使其弧长大于正常体的弧长，即在相同立体肩宽情况下，挺胸体的前身平面肩宽尺寸大于正常体的平面肩宽尺寸，后身横剖面线型的曲率减小，使 $S_{挺}B_{挺}$ 的弧长小于 SB 的弧长，即在相同立体肩宽情况下，挺胸体的后身平面肩宽尺寸小于正常的平面肩宽尺寸。

2. 驼背体肩线长度补正原理

驼背体肩线长度补正原理如图 3-73 所示，虚线为正常体轮廓线型，实线为驼背体轮廓线型，通过驼背体与正常体过肩端点的前身横剖面比较，由于驼背状态时，前身横剖面线型的曲率减小，所以驼背体的前身平面肩宽尺寸小于正常体的平面肩宽尺寸。通过驼背体与正常体前后肩宽尺寸的比较，在相同立体肩宽情况下，驼背体平面后肩宽尺寸大于正常体，前肩宽尺寸小于正常体，随着驼背的程度越大，后肩宽尺寸越大，前肩宽尺寸越小，即后肩宽大于前肩宽的值也越大。

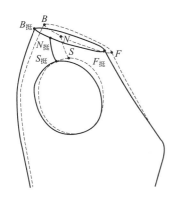

图 3-72　挺胸体肩线长度补正原理

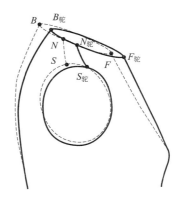

图 3-73　驼背体肩线长度补正原理

二、肩线斜度补正原理

1. 挺胸体

挺胸体肩线斜度补正原理如图 3-74 所示。虚线为正常体轮廓线型，实线为挺胸体轮廓线型，分别在挺胸体与正常体上，过立体衣身肩端点、过领孔宽且平行于前后中心纵剖面的前身各纵剖面线型组合的比较图。H 水平线为立体袖窿底线。由于挺胸状态时，H 线以上前身纵剖面线型的曲率增大，即在相同立体肩斜度情况下，挺胸体的平面前肩斜度大于正常体的平面前肩斜度。

2. 驼背体

驼背体肩线斜度补正原理如图 3-75 所示。虚线为正常体轮廓线型，实线为驼背体轮廓线型，分别在驼背体与正常体上，过立体衣身肩端点、过领孔宽且平行于前后中心纵剖面的前身各纵剖面线型组合的比较，H 水平线为立体袖窿底线。根据肩斜度立体与平面的关系，在一定立体领孔宽、肩宽的前提下，即在相同立体肩斜度下，驼背体的平面前肩斜度小于正常体的平面前肩斜度，驼背体平面后肩斜度大于正常体平面后肩斜度。随着驼背的程度越大，构成平面前肩斜度越小，平面后肩斜度越大。

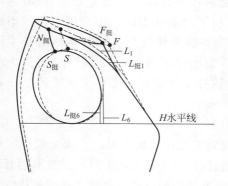

图 3-74 挺胸体肩线斜度补正原理

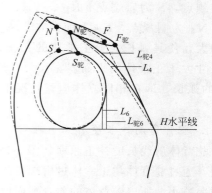

图 3-75 驼背体肩线斜度补正原理

三、冲肩量补正原理

1. 挺胸体

挺胸体与正常体侧面对比如图 3-76 所示。虚线为正常体轮廓线型，实线为挺胸体轮廓线型，S 为肩端点，C 为胸宽点，R 为胸宽线上的前中心点，D 为背宽点，G 为背宽线上的后中心点。在立体前冲肩量不变的前提下，CR 弧线为正常体胸宽横剖面表面线型，$C_挺 R_挺$ 弧线为挺胸体胸宽横剖面表面线型。

挺胸体冲肩量补正原理（前肩）如图 3-77 所示。虚线为正常体的前袖窿，由于挺胸体锁骨凸出程度增大，肩胛骨凸出程度减小，挺胸的同时构成上身后倾，使过肩端前后横剖面线型以及过胸宽点、背宽点前后各横剖面线型的曲率发生变化。根据以上挺胸体与正常体前身平面胸宽尺寸、肩宽尺寸的比较，在立体前冲肩量不变的前提下，挺胸体平面前冲肩尺寸大于正常体平面前冲肩尺寸。

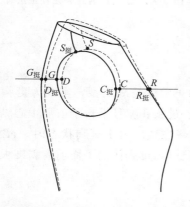

图 3-76 挺胸体与正常体侧面对比

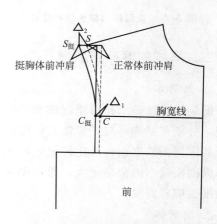

图 3-77 挺胸体冲肩量补正原理（前肩）

在立体后冲肩量不变的前提下，由于挺胸状态时，后身背宽、肩宽横剖面线型的曲率减小，即挺胸体的后身平面背宽尺寸、肩宽尺寸小于正常体的平面背宽尺寸、肩宽尺寸。挺胸体冲肩量补正原理（后肩）如图 3-78 所示。虚线为正常体的后袖窿线型。根据以上挺胸体与正常体平面背宽尺寸、肩宽尺寸的比较，在立体冲肩量不变的情况下，挺胸体的后冲肩尺寸小于正常体平面后冲肩尺寸。

2. 驼背体

驼背体与正常体侧面对比如图 3-79 所示。虚线为正常体轮廓线型，实线为驼背体轮廓线型，由于驼背状态时，前身胸宽、肩宽横剖面线型的曲率减小，即驼背体的前身平面胸宽尺寸、肩宽尺寸小于正常体的平面胸宽尺寸、肩宽尺寸。

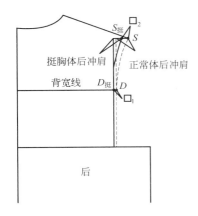

图 3-78　挺胸体冲肩量补正原理（后肩）

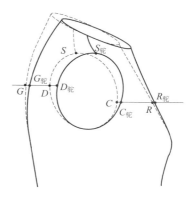

图 3-79　驼背体与正常体侧面对比

驼背体冲肩量补正原理（前肩）如图 3-80 所示。虚线为正常体的前袖窿线型，实线为驼背体的前袖窿线。由于驼背体肩胛骨凸出程度增大，锁骨凸出程度减小，驼背的同时构成上身前倾，使过肩端前后横剖面线型以及过胸宽点、背宽点前后各横剖面线型的曲率发生变化。构成驼背体前冲肩小于正常体前冲肩。根据以上驼背体与正常体前身平面胸宽尺寸、肩宽尺寸的比较，在立体前冲肩量不变的前提下，驼背体平面前冲肩尺寸小于正常体平面前冲肩尺寸。

驼背体冲肩量补正原理（后肩）如图 3-81 所示。虚线为正常体的后袖窿线型，实线为驼背体的后袖窿线型。构成驼背体后冲肩大于正常体平面后冲肩尺寸。根据以上驼背体与正常体平面背宽尺寸、肩宽尺寸的比较，在立体后冲肩量不变的前提下，驼背体平面后冲肩尺寸大于正常体平面后冲肩尺寸。

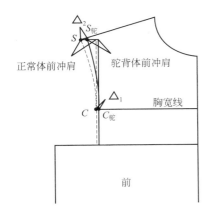

图 3-80　驼背体冲肩量补正原理（前肩）

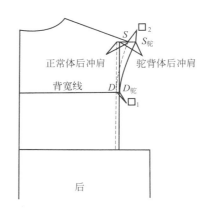

图 3-81　驼背体冲肩量补正原理（后肩）

四、肩部结构补正实例

1. 肩宽不足

肩宽不足如图 3-82 所示。

（1）弊病分析　肩宽不足，袖片被衣身拉紧，袖山上窜，致使袖山弧线不圆顺。造成此弊病的主要原因是肩宽尺寸过小。

（2）弊病补正　测量肩宽时应根据人体需要适当加放松量，纸样制图时，调整前身衣片，加大肩宽量，然后再画顺袖窿弧线。

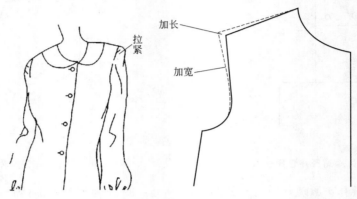

图 3-82　肩宽不足

2. 肩部丝缕不正

肩部丝缕不正如图 3-83 所示。

（1）弊病分析　衣片的横直丝缕不顺而起褶皱，使得衣片下沉、上翘或向里卷曲，如果是后衣片还会造成左右肩缝高低不对称。造成此弊病的主要原因是画样时布料丝缕不正或画线歪斜不垂直。

（2）弊病补正　修正画样使丝缕顺直，画线端正垂直，做到左右对称一致。

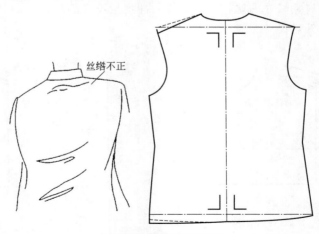

图 3-83　肩部丝缕不正

3. 后肩线起涌

后肩线起涌如图 3-84 所示。

（1）**弊病分析**　后身肩缝处起涌肩缝处有多余褶皱。造成此弊病的主要原因是画样或剪开时，后小肩宽度大于前小肩宽度，超过了正常的后肩吃量，一般吃量不超过 0.7cm，或者是后片肩斜线不顺直，向上凸起。

（2）**弊病补正**　将后片肩宽过大的部分修掉，如总肩宽正常，可将后领宽加大，来减小后小肩宽度。画顺后肩斜线使其呈直线，如前小肩是向上凸的，后小肩应向下凹，一般凹进 0.3cm 左右。

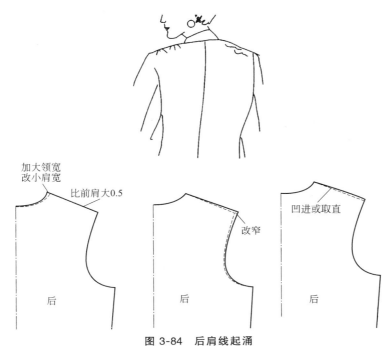

图 3-84　后肩线起涌

4. 端肩体

端肩体如图 3-85 所示。

（1）**弊病分析**　端肩体穿正常体服装易出现领根部起空、两肩高耸、袖窿根部有斜褶、后背领处有褶纹等弊病。造成此弊病的主要原因是由于肩头顶起，造成两肩高耸，前领根部有窝纹、起空，由于肩头的抻拉，造成袖窿根部有斜褶。

（2）**弊病补正**　前后落肩线适当上提，使其适应端肩体型，前后领深线稍微下移，以减小前后领宽尺寸。

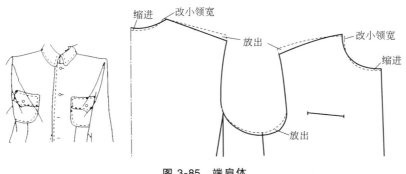

图 3-85　端肩体

5. 溜肩体

溜肩体如图 3-86 所示。

（1）弊病分析　溜肩体穿正常体服装易出现肩两端点起空塌落、袖窿根部有斜形堆褶等弊病。造成此弊病的主要原因是由溜肩体致使肩部塌落、肩头空，袖窿深处卡紧、有斜褶。

（2）弊病补正　前后落肩适当下移加大落肩量，袖窿深线也随之下移；同时减小前领深线，加大前后领宽尺寸。

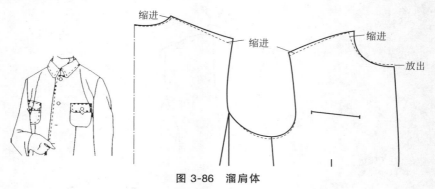

图 3-86　溜肩体

第四节　胸背部结构补正原理

胸背部结构相近，在此以胸部为例进行胸背部结构补正原理讲解。

一、平面胸宽与立体胸宽

1. 挺胸体

挺胸体立体胸宽结构补正原理如图 3-87 所示。虚线为正常体轮廓线型，实线为挺胸体轮廓线型，由于挺胸状态时，前身横剖面线的曲率增大，即挺胸体的前身平面胸宽尺寸大于正常体的平面胸宽尺寸。根据以上挺胸体与正常体的胸宽尺寸比较，在同一立体胸宽尺寸内，挺胸体平面胸宽尺寸大于正常体平面胸宽尺寸，随着挺胸的程度越大，平面胸宽尺寸大于立体胸宽尺寸的值也越大。

2. 驼背体

驼背体立体胸宽结构补正原理如图 3-88 所示。虚线为正常体轮廓线型，实线为驼背体轮廓线型，由于驼背状态时，前身横剖面线的曲率减小，驼背体平面胸宽尺寸小于正常体，碎褶驼背程度越大，平面胸宽尺寸大于立体胸宽尺寸的值越小。

二、胸宽结构补正原理

1. 挺胸体

挺胸体平面胸宽结构补正原理如图 3-89 所示。虚线为正常体轮廓线型，实线为挺胸体轮廓线型，由于挺胸状态时，后身横剖面线的曲率减小，即挺胸体的后身平面背宽尺寸小于正常体的平面背宽尺寸。根据以上挺胸体与正常体的背宽尺寸比较，在同一立体背宽尺寸内，挺胸体平面背宽尺寸小于正常体平面背宽尺寸，随着挺胸的程度越大，平面背宽尺寸大于立体背宽尺寸的值越小。

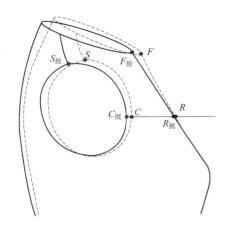

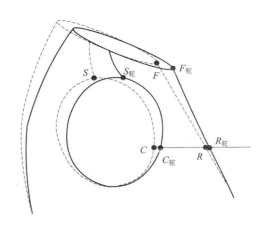

图 3-87 挺胸体立体胸宽结构补正原理　　　　　图 3-88 驼背体立体胸宽结构补正原理

2. 驼背体

驼背体平面胸宽结构补正原理如图 3-90 所示。虚线为正常体轮廓线型，实线为驼背体轮廓线型，由于驼背状态时，后身横剖面线的曲率增大，宽尺寸的比较，同一立体背宽内，驼背体平面背宽尺寸大于正常体，随着驼背程度越大，平面背宽尺寸大于立体背宽尺寸的值也越大。由于驼背状态时，后身横剖面线型的曲率增大，即驼背体的后身平面背宽尺寸大于正常体的平面背宽尺寸。

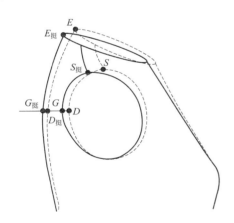

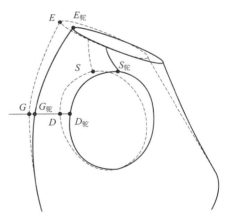

图 3-89 挺胸体平面胸宽结构补正原理　　　　　图 3-90 驼背体平面胸宽结构补正原理

三、胸背部结构补正实例

1. 胸部纵向褶皱

胸部纵向褶皱如图 3-91 所示。

（1）弊病分析　胸部出现纵向多余褶皱，主要是合体款式的服装胸部宽大，与人体过分分离，出现衣身自上而下的纵向褶皱。造成此弊病的主要原因是制图时胸围尺寸过大，主要是放松量过大，或前衣身围度方向各部位尺寸过大，使围度方向不合体而出现多余的量。

（2）弊病补正　适当减小胸围尺寸，对衣身围度各部位进行修改，剪去多余的量。先将前胸宽改小，前袖窿改小，若改动较大时，也可从门襟、袖窿两部分同时进行修改，以保证省道部位不致偏移。

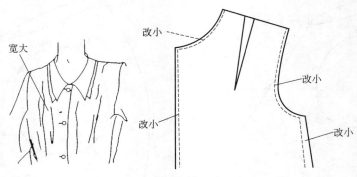

图 3-91 胸部纵向褶皱

2. 背部纵向褶皱

背部纵向褶皱如图 3-92 所示。

（1）弊病分析 服装的背部太宽，产生纵向的多余褶皱，造成此弊病的主要原因是胸围尺寸放松量过大，肩宽尺寸也大。

（2）弊病补正 调整胸围及肩宽的尺寸，将后衣身的胸围改小，侧缝改小，也可在背缝收进多余量，并且改窄后肩宽度。

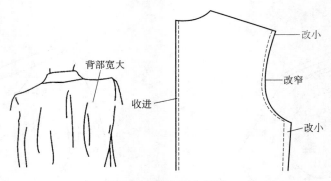

图 3-92 背部纵向褶皱

第四章　服装基础型补正原理

　　衣服是为人而制作的，无论是单件定做，还是批量生产，都需要经过做样衣、试穿展示、调整修正的过程，而正确掌握并充分了解几种基础型纸样的修正，才能为复杂款式服装的纸样修正做好铺垫。下面以上衣与连衣裙的基础型为例进行基础纸样补正及操作说明。

第一节　上衣基础型补正

　　由下面两个方法进行研究探讨，找出原因作为修正处理时的依据：一是尺寸使用不当，以一般体型来说，当尺寸使用太足时，往往会产生松散的直形绉纹；当尺寸使用不足时，往往会产生太紧绷的八字形斜绉纹；二是体型因素，假若穿着者的体型较不同于一般体型，即容易产生不合身的现象。

一、体型观察与纸样展开

　　人体骨骼是人体的支柱，再有筋腱和肌肉，然后是皮下脂肪层，再有皮肤覆盖形成完整的人体形状。这样完成的外表轮廓称为"体型"。体型会因人而异，而且有的部位变化很大，有的部位几乎没有变化，在制作衣服时，如果过分拘泥于体型，就会有损于功能和美感。

（一）体型观察

　　体型因性别、年龄差距、人种差距而异。同一人种的同一性别、同一年龄也会不同。有人将体型分为细长型、斗士型和肥胖型。此外，还有各种各样的分类方法。下面介绍的是从不同方向来观察体型。

　　1. 从垂直方向看到的体型

　　对体型从前面、后面、侧面三个方向以及斜侧面进行观察，这就是所谓的纵向侧面观察。

　　如果从纵向观察体型，就会根据头、胸、腹、腰等的皮下脂肪情况分为瘦身体型、标准体型、肥胖体型。皮下脂肪不是全身到处长满，而是所长的部位和脂肪层的厚度因人而异。瘦身体型的人，胸围、臀围、上臂、大腿等的骨骼可从外表看得很清楚；但肥胖的人就要加上一定的厚度来观察。

以下对体型各部位进行详细观察。

（1）胸部　有胸部凸出的鸡胸和乳房发育的体型；还有相反的平胸体型，介于其中间的是标准体型。

（2）脊柱　由于年龄关系，脊椎会产生弯曲变形。婴幼儿期间弯曲自如，而到了老年则出现弓背，形成所谓的猫腰的前倾状态体型。

（3）颈部　瘦身体型的颈部较细，肥胖体型的则粗短。

（4）肩部　相对于标准的肩型，有耸肩和溜肩。

（5）腰部　在大臀的周边有皮下脂肪。

（6）下肢部　大腿的外侧和内侧上部有皮下脂肪。从侧面看，小腿部有前弯型和后弯型以及介于中间的直线型。从前面看到的形状，有两膝不能并拢的 O 型和相反的 X 型。中间的是直线型。

（7）上腕（大胳膊）　上腕的外侧有皮下脂肪。

2. 从水平方向观察的体型

使用滑规，通过人体各个部位的水平截面图进行观察。

（1）颈部　其形状会因头部的前后仰倒而变化，但尺寸几乎没有变化，左右变化也很少。

（2）肩部　是最为扁平的地方，会因胸部的收缩和扩张而变化，会因上肢的动作而出现最大变化。

（3）胸部　性别差异、年龄差异较大，胳膊上抬时，会伴随大胸肌的变化，乳房的形状会产生变化。

（4）腹部　年轻人皮下脂肪不太多，中老年人下腹部有脂肪。

（5）腰部　是脂肪多的地方，肥胖型和瘦身型有很大的差异。

（6）腋部　是产生很大变形的地方，前后腋点会因动作而产生变化，这一点很重要。

（7）胸围线　静止状态时最大，活动状态时尺寸会有变化。

（8）腰围线　位于躯干的中央，是周长最小的地方。饭后和坐卧等动作会使腰围尺寸发生变化，在制作衣服时，要至少留出 2cm 左右的松量。

（9）臀围　是下半身周长最大的地方。亚洲人有臀部下垂的倾向，理想位置是身长的 1/2 处。如果考虑坐和盘腿，最少需要 4cm 的松量。

（二）侧面轮廓的体型特征与纸样的展开

从侧面和斜侧面观察垂直方向的体型后，就能够清楚地把握身体的凹凸部位。上半身和下半身的功能不同，所以分开讲解。

二、上半身的各种体型和纸样展开

（一）标准体型

1. 体型特征

标准体型是可以前后平衡分割的体型，其状态是前面的乳房高点位置和腹部高凸的地方，后面的肩胛骨顶点和臀部凸出的位置都位于垂直线上。但即使是在这种体型中，紧张的时候和放松的时候都会因动作而变化。

2. 纸样补正

以这种体型为基准，论述因体型差异而产生的纸样变化。

标准体型如图 4-1 所示。

图 4-1　标准体型

（二）挺身体型

1. 体型特征

挺身体型是背后脂肪小，而另一面则是乳房高，胸宽大，前身长。

头部的前倾斜度小，肩点对于重心要稍前倾。下半身臀部扩张较强，后方突出，腹部稍平。

2. 纸样补正

因为胸部的扩张大，所以前身长和前宽不足，缩拢会出现在领窝和腰上。后面会出现多余的横皱。为此，在纸样上，身长后面短，前面追加。同时增加胸省余量。在侧面移动前后的肋线，即后身宽变窄，前身宽变宽。

挺身体型如图 4-2 所示。

（三）屈身体型

1. 体型特征

上半身脊背圆滑，是前屈的体型。这是因为背宽加宽，胸收薄乳房小的缘故。头倾向前

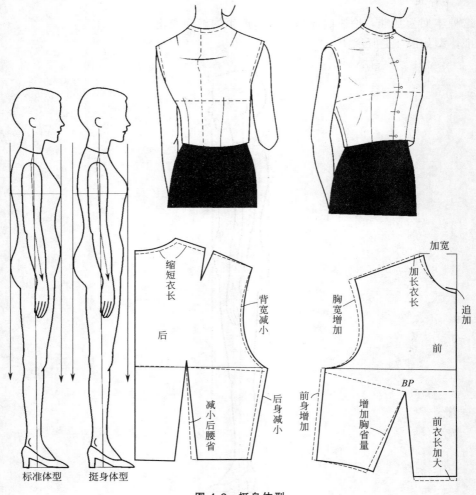

缩短衣长

后

背宽减小

后身减小

减小后腰省

加宽

加长衣长

追加

胸宽增加

前

BP

前身增加

增加胸省量

前衣长加大

标准体型　　挺身体型

图 4-2　挺身体型

方，肩点相对于重心稍向后靠。下半身臀部扁平，下腹部凸出。

2. 纸样补正

由于凸起的肩胛骨的原因，在脊背出现抽褶，在前领出现余褶。这种体型首先要加大背宽，加长后身长。因此，后省量也增多，在前面要缩短身长，减少省量。然后，增减前后的边领点，修直领窝。

屈身体型如图 4-3 所示。

（四）肥胖体型

1. 体型特征

皮下脂肪厚的人被称为肥胖体型，但年轻人和中老年人的脂肪位置是不同的。随着年龄的增长，人体从背部到肩部容易出现赘肉，在胸部的胸点下移。

2. 纸样补正

有厚度的体型，与胸围尺寸相关程度小的领窝和袖窿要减小，肩宽、背肩宽也变窄。结果是侧面宽（厚度）增宽。

肥胖体型如图 4-4 所示。

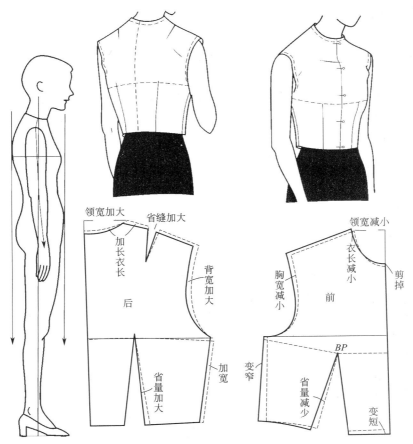

图 4-3 屈身体型

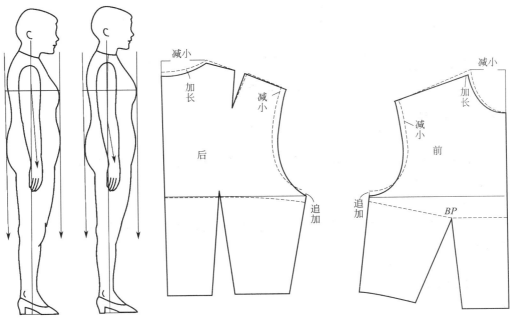

图 4-4 肥胖体型

（五）瘦身体型

1. 体型特征

与肥胖体型相反，整个身体没有厚度，为扁平的体型。

2. 纸样补正

由于是扁平体型，肩宽、背肩宽、背宽、胸宽要加宽，但领窝、袖窿大多数情况下要推迟加大，结果是侧面宽变窄。

瘦身体型如图 4-5 所示。

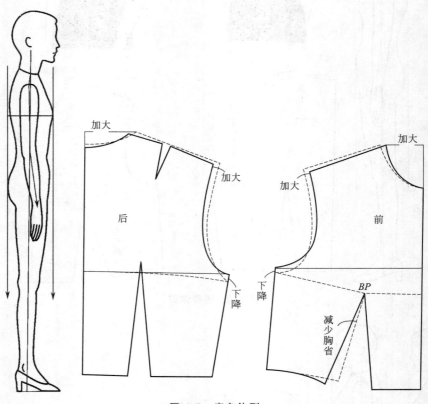

图 4-5　瘦身体型

（六）端肩体型

1. 体型特征

肩的倾斜度平均约为 23°，但耸肩会从 10°开始，溜肩会到 30°。原型的倾斜度前后平均是 19.5°。

2. 纸样补正

耸肩时，肩头尺寸不足，在肩倾斜度和宽度上要追加其余量。因此在袖窿增大时，肋部要上抬袖窿线。

端肩体型如图 4-6 所示。

（七）溜肩体型

1. 体型特征

溜肩时的情况与上述操作相反，乳房发达的体型，周边出现缩拢，前摆上抬。

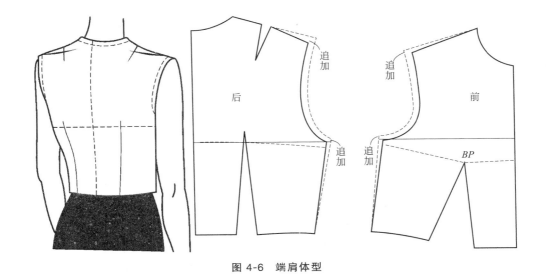

图 4-6　端肩体型

2. 纸样补正

追加前身长和前宽，进一步增大胸省量。后面不动即可。中老年人的体型，到这个年龄，背部的头根部到肩部容易产生赘肉，所以要在后领窝到肩部追加不足余量。在胸部有时胸点要下降，但为了形状好看，最好不下降。

溜肩体型如图 4-7 所示。

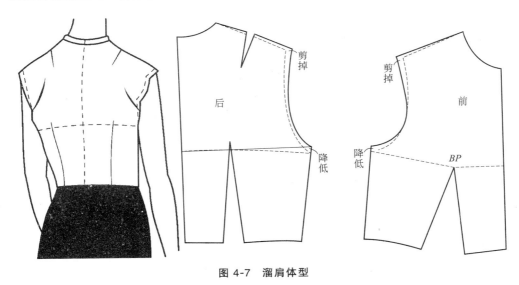

图 4-7　溜肩体型

(八) 丰胸体型

1. 体型特征

与正常体相比，丰胸体的特征是胸部的尺寸较大，使得胸宽和前衣长的尺寸增大。另外，需要的胸省量也增大。

2. 纸样补正

增加前衣长，加大前胸省量及前胸宽。

丰胸体型如图 4-8 所示。

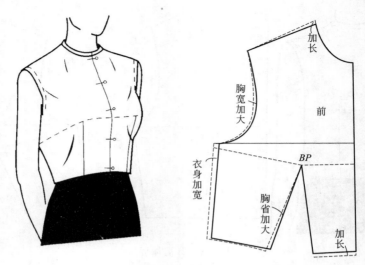

图 4-8　丰胸体型

第二节　下装基础型补正

覆盖下半身的衣服，中臀合体，则易于着装。普通的成人腰围和中臀的差值大，中臀和臀围的差值小。还有腰围线在后中心比水平线降低。

一、下装体型观察与纸样展开

宽度和厚度的差比较大，则是扁平体型；差值比较小，则为厚体型。覆盖下半身的衣服，中臀合体，则易于着装。普通的成人腰围和中臀的差值大，中臀和臀围的差值小。还有腰围线在后中心比水平线降低。以下对五种体型举例，就体型观察和纸样展开加以论述。

（一）标准体型

1. 体型特征

在侧面和前面的投影图中，在后面的突出部位和前面的突出部位，画垂直线，则凹凸清晰，即可知道下半身的特征。在腰围线、中臀线、臀围线的横断面图中，从重心向外侧的线表示省的位置和余量。

2. 纸样展开

适当分配，将臀围和腰围的差分割在省上。肋线过腰围线、臀围线移动到距中央 1cm 之后，在侧面的中央垂直下降。

标准体型如图 4-9 所示。

（二）腰部挺强

1. 体型特征

从横断面图中已知，腰围尺寸和臀围尺寸的差值大，则腰部挺强，也称蜂腰。

2. 纸样展开

因为靠近前肋腰部挺强，要加大前面的省余量，减少长度，因此肋的倾斜度变小。

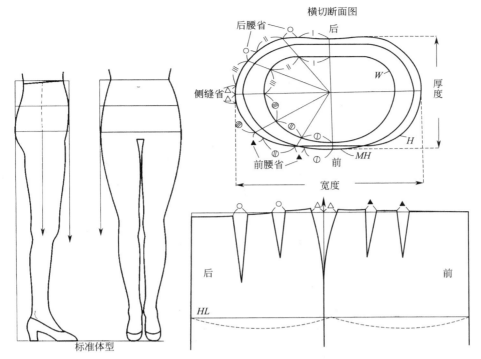

图 4-9　标准体型

腰部挺强体型如图 4-10 所示。

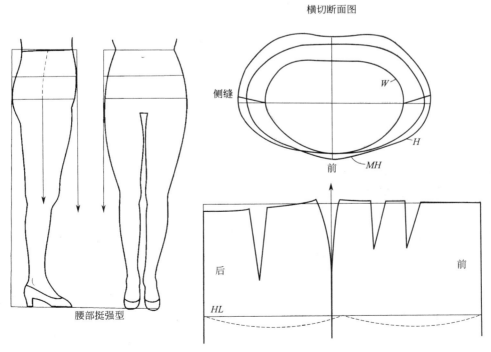

图 4-10　腰部挺强体型

（三）臀部挺强

1. 体型特征

厚度是臀围线的后侧大。

2. 纸样展开

对合臀围线的挺强，后省设为两根，余量也增大。省的长度缩短。

臀部挺强体型如图 4-11 所示。

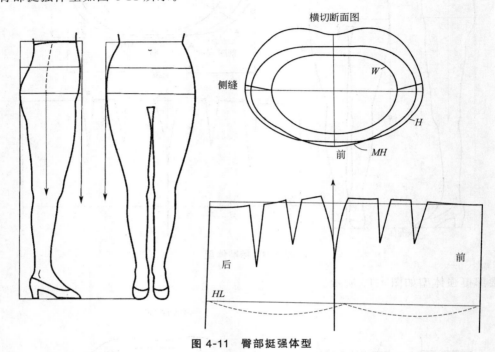

图 4-11 臀部挺强体型

（四）肥胖体型腹部突出

1. 体型特征

比较宽度和厚度，是有厚度的体型，腰围尺寸、中臀围尺寸、臀围尺寸的差值小。

2. 纸样补正

前面的长度不足，所以要在腰围线上追加。

腹部凸出的肥胖体型如图 4-12 所示。

（五）大腿部位的挺强

1. 体型特征

除了上述体型之外，就是大腿部比臀围还粗的体型，在这种情况下，要加大臀围的松量，或者在前摆宽的肋部加大尺寸，使大腿部位宽松。

2. 纸样补正

在以上体型分析的基础上进行纸样补正，但由于在细部存在过渡和个人差异，体型缺点需要在设计款式或者选择面料时加以掩盖。纵方向的分割，在前项中，分别对上半身和下半身吻合体型的纸样展开进行了说明，在此叙述连接上下的腰围线，加上纵向的拼接线，如何使其更合体的方法。

大腿挺强体型如图 4-13 所示。

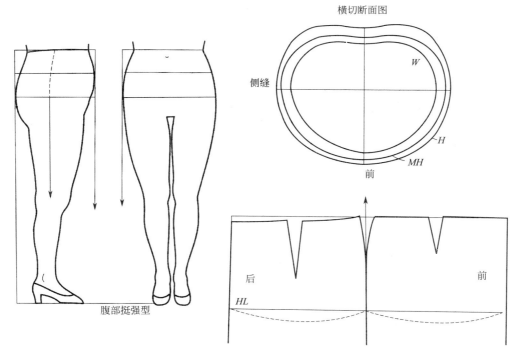

图 4-12 腹部凸出的肥胖体型

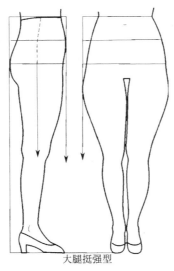

图 4-13 大腿挺强体型

二、基础型构成

（一）上衣腰线以上基础型构成

纸样展开，前衣身要按照省分割的要领按住 BP，将肋摆抬到腰围线水平线上，移动原型加上肩省。上衣腰线以上基础型构成如图 4-14 所示。

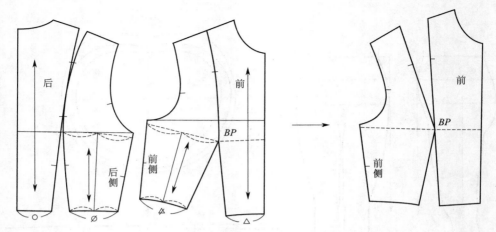

图 4-14　上衣腰线以上基础型构成

（二）上衣腰线以下基础型构成

裙子的省移动到拼接位置。大腿部挺强的人多，前面在臀围线的位置要交叉延长。肋线、省位置等重合的部分要用熨斗烫平伸展。在不需腰部拼接的款式上，应用该纸样。上衣腰线以下基础型构成如图 4-15 所示。

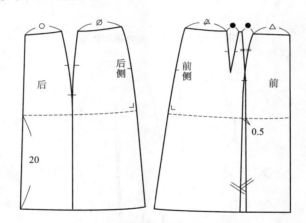

图 4-15　上衣腰线以下基础型构成

（三）基础型构成

1. 衣身基础型构成

衣身基础型的构成是将上衣腰线以上的基础型与腰线以下的基础型进行组合而成。上衣基础型构成如图 4-16 所示。

2. 衣袖基础型构成

手臂自然下垂时，在日常生活中抬手、弯臂等向前方的动作较多，所以在设计袖子纸样时，需要特别考虑手臂的运动方向和活动量。直筒袖和合体袖停落时，前腋点需要 1cm 以上的松量，后腋点需要 1.5cm 以上的松量。紧身袖沿着手臂方向需要自然的松量。原型的袖子，考虑到手臂的运动，以上抬 45° 的状态为基准做成，而以功能性为主的场合，如果像 A' 所示降低袖山，袖下线变长，袖宽也增加，手臂的动作更加自由。衣袖基础型构成如图 4-17 所示。

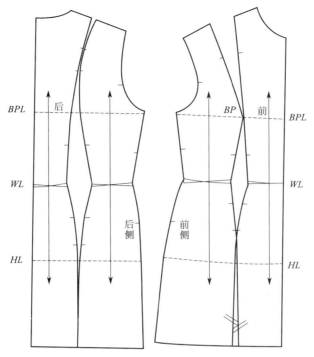

图 4-16　上衣基础型构成

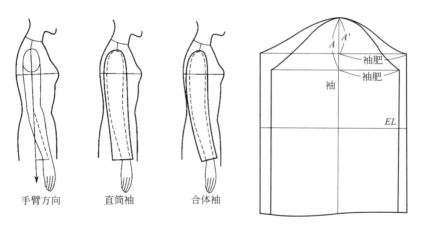

图 4-17　衣袖基础型构成

第五章 连衣裙补正

第一节 连衣裙常见弊病补正

一、连衣裙裁剪

（一）款式图

该款连衣裙可以作为剪接腰连衣裙的原型，制作衣片、袖子、裙子的基础纸样，也可以将其作为简单的连衣裙来直接穿着。由此剪接腰连衣裙原型，通过纸样的展开和褶皱的变化就能够变化产生很多新款连衣裙。将省做成碎褶和折缝，通过领窝和线迹、扣子等的变化就能够看到款式设计的效果。布料可以选择厚的棉布，如平布、粗斜纹布、化纤衣料或薄的毛料等。剪接腰连衣裙基础型如图 5-1 所示。

（二）纸样绘制

1. 衣片

肩省要按照肩胛骨的隆挺程度确定省量和长度。肩部挺强时，省量、后肩缩量都加多。位置随体型而变化，但款式方面的效果也要考虑，确定位置要使其达到美观的效果。腰的松量和省量按照款式、体型来进行增减。对 W/4 来说，1.5cm 的松量是一个宽松的尺寸，有利于连衣裙的穿着。正式场合穿着时松量少一些，居家穿着时松量可以多一些。松量的大小要根据穿着目的而进行增减。

2. 裙子

为了满足臀部活动需求，在面料没有弹性的情况下，臀围松量至少需要 4cm。即使是作图，其前后也要在臀围尺寸的 1/4 上加 1cm，但要根据款式、体型（中臀尺寸和大腿部的隆挺）等来考虑。摆宽是在肋下连接距臀围线 10cm 下外展 1cm 位置的延长线上确定。这样一来，对于足部运动所需的最小限度的摆宽，就不会受裙长的影响。剪接腰连衣裙基础型衣身构成如图 5-2 所示。

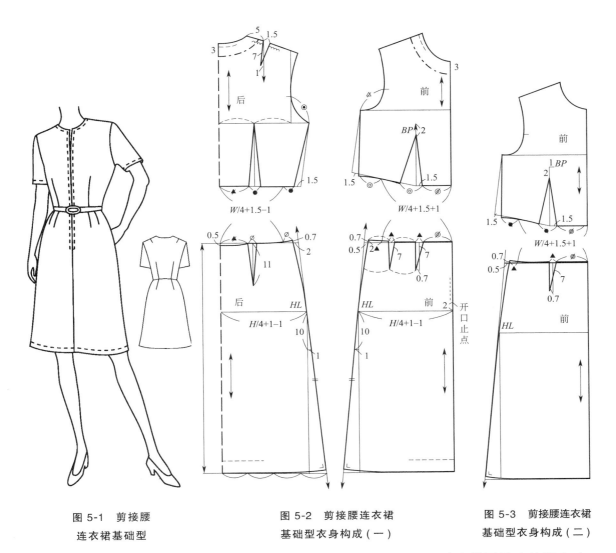

图 5-1　剪接腰
连衣裙基础型

图 5-2　剪接腰连衣裙
基础型衣身构成（一）

图 5-3　剪接腰连衣裙
基础型衣身构成（二）

　　腰省的位置、省量及其长度需要与款式和体型相吻合。腰围尺寸和臀围尺寸差值小时，裙子的前省可以只做一个省，确定肋部的曲线的尺寸取决于与省量的相关关系，对于侧面的造型，曲度不宜太大。剪接腰连衣裙基础型衣身构成如图 5-3 所示。

　　3. 袖子

　　使用原型袖山，按图 5-4 所示画出袖长、袖口宽。作为日常穿着，要以容易穿着为目的，因此最好要降低袖山的高度。完成作图后的袖子，前后都要留出装袖线的缩缝量。剪接腰连衣裙基础型衣袖构成如图 5-4 所示。

　　（三）纸样复核

　　1. 关于完成线

　　肩线和腰线的省完成线要比引导线稍靠外。靠外的尺寸是根据省量和长度而变化的，所以在作图时不标出具体的尺寸。

　　2. 纸样复核

　　为了记录补正，作图的原始步骤和线条要保留，并且将其复制到别的纸上制作纸样。纸样上必须标明名称、对合标记（袖山、臀围线的位置等）、布纹方向线、中心线、开止点等。在假缝之后裁剪的领窝挂面的纸样也要制作。

复制纸样之后，按照下述步骤检查纸样轮廓线的细节部分。

（1）衣片、裙子上的省折叠成完成状态，对线进行修正。衣片、裙子上的省折叠复核如图 5-5 所示。

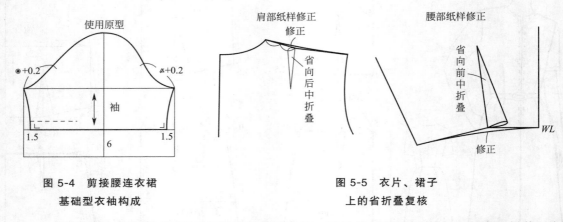

图 5-4　剪接腰连衣裙
基础型衣袖构成

图 5-5　衣片、裙子
上的省折叠复核

（2）领窝线、袖窿线要通过肩线对合前后衣片，确认线的连接要漂亮。衣身纸样修正如图 5-6 所示。

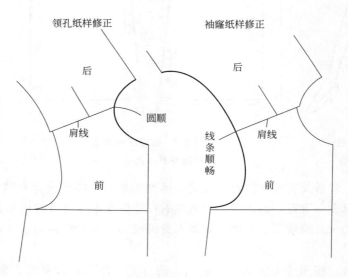

图 5-6　衣身纸样修正

（3）上衣腰线和裙片腰线分别修顺；衣身的腋下袖窿线、衣袖腋下都需要修顺，所有的连接处线条要光滑漂亮。裙子和衣袖纸样修正如图 5-7 所示。

（四）排料裁剪

首先要检查面料上是否有织疵、染疵等，布纹要确认方向正确之后才能配置纸样。从大的纸样开始排列，假缝之后进行裁剪，裁剪配置时要尽量减少浪费，高效流畅。印花布、格子布、条纹布等面料要在肋部和前后中心对合花型。易于脱散的面料，试穿时容易出现补正的地方，要多留出缝份。领窝和袖窿的下方如果多留出缝份，就容易出现褶皱，因此要尽量

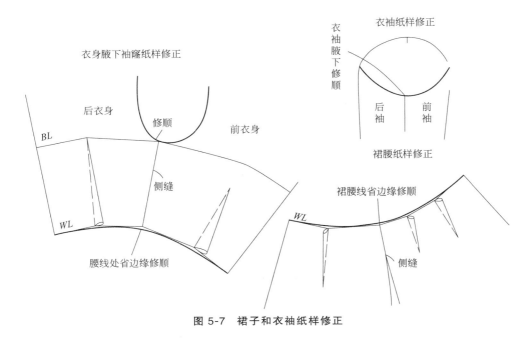

图 5-7　裙子和衣袖纸样修正

减少不必要的缝份，裁剪图中括号内的尺寸是试穿补正后进行缝份整理时的尺寸。连衣裙排料毛裁如图 5-8 所示。

二、连衣裙假缝

(一) 缝份的加注方法

1. 假缝的意义

人们常说的"量体裁衣"就是指根据体型裁制衣服。要想使着装者穿上合体、美观、大方、舒适的服装，就必须让特殊体型者先试穿样衣（简称试样）而后补正，进而再进行精确的裁剪和制作。试样就是假性成衣，当试穿者穿上后，可以放长、缩短、放大、缩小，对特殊体型者，可以从试样中看到毛病在哪里，再进行病因分析，然后采取补正措施。

2. 记号标记

在一般情况下，棉织物要用以刮浆片或者水可以消除的白垩粉纸在上面加注标记。薄的毛料，使用同样的白垩粉纸，或者打线钉。

后衣片和后裙的中心要进行粗粗的稀平缝。这是因为在试穿时，首先前后的中心线竖直下垂是第一条件，要明确中心线。还有对合标记也不要忘记。正确地确定缝份之后，标记只标注在重要位置（角的位置和对合标记）即可。关于将缝份整理整齐后进行裁剪而不加注标记进行加工的方法，将在衬衣型连衣裙中进行论述。

(二) 假缝

该款服装出于把握各自体型和基础纸样的目的需要试穿。假缝合就是为了便于拆解，用一根假缝线进行齐缝，下面就假缝合的顺序和要点进行叙述。

1. 缝制省缝

衣片、裙片都要缝省。为了不留缝份，要从 0.5cm 缝份一侧始缝。缝份分别倒向中心

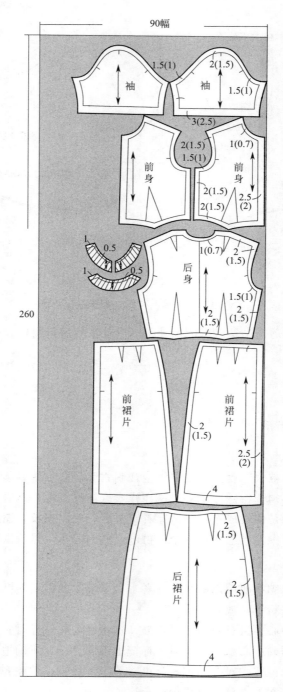

图 5-8　连衣裙排料毛裁

侧。缝制省缝如图 5-9 所示。

2. 侧缝

缝合衣片的肩和肋、裙子的肋和前中心。前中心缝至开口止点。始缝和终缝必须来回缝。缝制侧缝如图 5-10 所示。

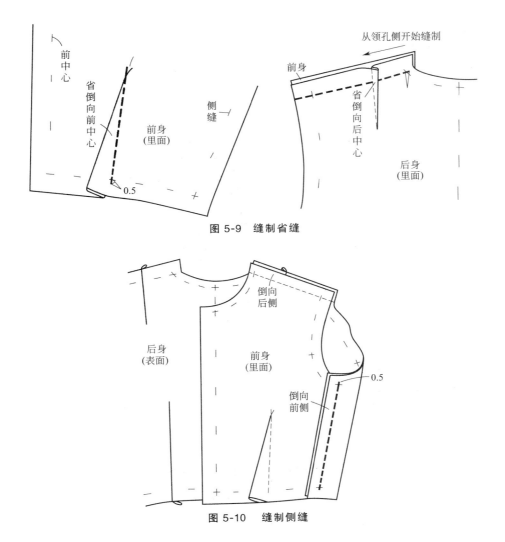

图 5-9 缝制省缝

图 5-10 缝制侧缝

3. 制袖

首先疏缝袖山，两根撩缝线一起拉缝，前后各自缩缝出缩结量，整理好袖山形状。制袖如图 5-11 所示。

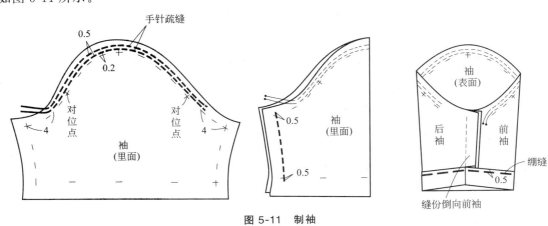

图 5-11 制袖

4. 绱袖

绱袖就是要将袖山点和肩缝线对合，然后将袖下缝线与肋线对合。将前后的对合标记对合，从袖侧打上细钉，使缩结能很好地伏贴。缝制时，肩和肋缝的缝份要分开，注意衣片的袖窿线不要拉伸，从袖侧进行缝制。绱袖如图5-12所示。

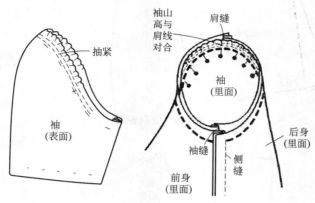

图 5-12　绱袖

5. 腰围拼接

腰围线是构成裙子的重要因素，因此要按照前中心、后中心、肋的顺序打上细钉，在每隔腰围1/4处确认尺寸是否吻合后再进行缝制。省和肋容易抽线，所以要将缝份分开，从前中心的缝份端到另一端进行连续缝制。连衣裙腰部假缝如图5-13所示。

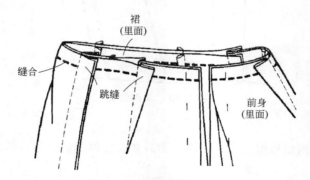

图 5-13　连衣裙腰部假缝

6. 裙子的下摆缝制

下摆完成后翻折，折份用粗缝固定。前中心的开衩要在右衣片完成之后翻折压住，左衣身的缝份作为试穿时的贴边，所以要在完成线上进行撩缝。领窝要在完成线上进行撩缝，而为了线迹清晰、形状明显，也可以使用色线。连衣裙假缝如图5-14所示。

三、连衣裙弊病补正

补正技术要通过试穿仔细观察各种各样的体型，多次练习方可掌握。

（一）补正步骤

1. 试穿

完成之后的裙子进行试穿时，要与穿着时的状态（内衣裤正确穿着，穿着皮鞋）相同。

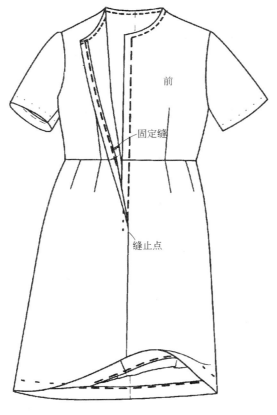

图 5-14　连衣裙假缝

穿着时，开叉的部分要正确对合左右的前中心，要横打细钉防止脱开。穿着时要以极其自然的姿势站立，身体不要僵硬。

　　为了进行补正，要准备好必要的作图工具、有色铅笔、尺子、小剪刀、细钉、记录用纸等。

　　2. 补正

　　补正有体型上的补正和款式上的补正。所谓体型上的补正是指斜皱和横皱。对于图 5-14 中所示裙子，要根据体型的不同进行基本的补正（松弛和抽线造成的褶皱，省的位置和余量，腰围线的位置，各个部分的松量），补正是为了遮盖身体的缺陷而使其显得更加漂亮，这是非常重要的。

　　在进行补正之前，要观察体型的特征、抽线皱、松弛皱的状态及其形成原因。补正者要在距离穿着者 1m 以外站立，从前面、侧面、后面都要按以下所述的事项进行观察：前中心、后中心是否垂直通过；各部位的长度，以及胸、腰、臀的松量等是否适当；松弛皱和抽线皱在各部分以怎样的状态出现。

　　补正时的一般注意事项如下。

　　首先，补正以右衣身为主，左右的体型不均匀时，也要首先补正右衣身，修正纸样之后，再追加补正左衣身的不均衡位置。

　　其次，关于尺寸的盈余和不足，在不足时要拆开缝迹，追加尺寸，多余时将其捏住打上细钉。捏住时要考虑布的厚度，注意不要捏太多量。

再有，曲线位置的抽线皱和松弛皱往往是缝份过大造成的，所以首先要将多余的缝份进行整理。裙子的补正完成之后，接着要补正纸样。正确修正补正线和对合标记，修正纸样。打细钉得到的裙子的补正线要在纸样上画成漂亮的光滑线，确认对合标记和尺寸。补正位置比较多时，要在修正后的纸样上再一次修正裙子的标记，再度进行假缝确认是否优良。连衣裙试穿如图 5-15 所示。

补正技术要通过仔细观察各种各样的体型，多次练习方可掌握。

侧面　　　　　　　　前面　　　　　　　　后面

图 5-15　连衣裙试穿

在这里对胸部、背部、袖子、下半身的各个部位容易出现的补正情况进行举例说明。

（二）肩的补正

1. 端肩时的情况

端肩体连衣裙纸样修正如图 5-16 所示。

（1）弊病分析　由于肩倾斜度小，肩头量不足，所以前后都会在左右肩头之间出现较长的横皱。其结果是边领圈线浮起。

（2）补正方法　在肩头追加需要的量，修直肩线。因为袖窿大，有时要抬高袖窿下方。

2. 溜肩时的情况

溜肩体连衣裙纸样修正如图 5-17 所示。

（1）弊病分析　由于肩倾斜度大，肩头量多余，所以前后都会在左右肩头之间出现较长的纵绺。

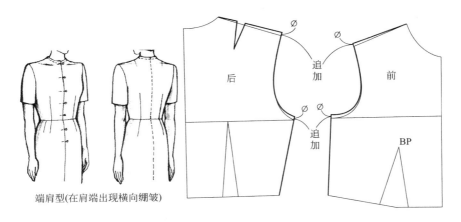

图 5-16 端肩体连衣裙纸样修正

（2）补正方法　将肩头多余的量剪掉。此时要注意不要过多去除肩头的松量（留有运动量），袖窿因为变小，所以要将袖窿修正下放。肩线不变，但有时要装上垫肩加以补正。

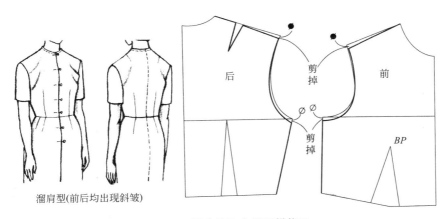

图 5-17 溜肩体连衣裙纸样修正

（三）胸部补正

1. 丰胸体

丰胸体连衣裙纸样修正如图 5-18 所示。

（1）弊病分析　丰胸体是乳房发达的类型，胸部隆挺产生褶皱，会有从腰向胸点的褶皱和从袖窿开始的余皱。

（2）补正方法　将袖窿上的余量减少，剪开腰省，增加省的余量。其结果是前长后短，尺寸加大。捏住余量时，要注意留有袖窿的运动量。

2. 鸡胸体

鸡胸体连衣裙纸样修正如图 5-19 所示。

（1）弊病分析　鸡胸体是胸廓发达有厚度的类型，胸部隆挺出现褶皱。产生自肋部开始朝向胸的上部的长褶皱，在袖窿上出现余皱，从袖窿向肩头出现长褶皱。有时腰围线还会上抬。

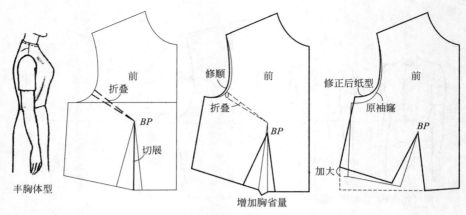

图 5-18　丰胸体连衣裙纸样修正

（2）补正方法　首先将胸部剪开。其结果是前衣身变长，领口也变大。还有胸宽增加，前衣身的身宽也增大。也有时只有前衣身宽度增大，后面宽度变窄。袖窿余量减少，剪开腰省增加省的余量。进行以上补正后，仍使腰围线抬高时，需要再追加前下的尺寸。

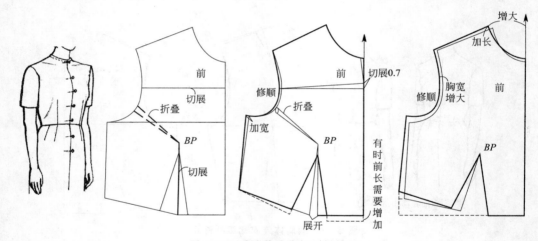

图 5-19　鸡胸体连衣裙纸样修正

3. 胸部挺弱，微屈身体

屈身体连衣裙纸样修正如图 5-20 所示。

（1）弊病分析　由于胸廓薄，头部前倾，所以前领口会出现褶皱。对于乳房来说，因为省量大，所以在靠肋处纵向会出现余皱。

（2）补正方法　纵向的余皱要减少省量，并且在肋部将其剪掉。领口的余皱补正，要减少胸部。其结果是，前衣身变短，领口也变小，胸宽变窄，身宽也变窄。也有时只是前面的身宽变窄，后面变宽。有时要剪掉前长后短的量。

肩胛骨隆挺弱体连衣裙纸样修正如图 5-21 所示。

（四）背部补正

1. 肩胛骨隆挺弱、稍稍反身时的情况

肩胛骨隆挺弱体连衣裙纸样修正如图 5-21 所示。

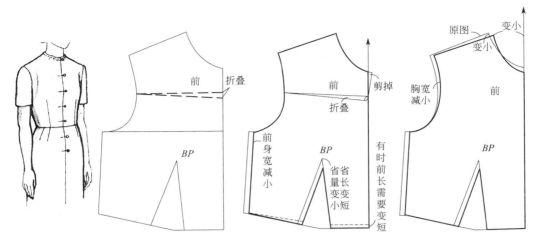

图 5-20　屈身体连衣裙纸样修正

（1）弊病分析　由于背平、稍稍反身，所以后长、后宽都会产生余皱。

（2）补正方法　去掉长度多余的量，缩短后面的长度，背宽、身宽都会变窄，腰省余量减少。有时肩省的余量也减少。还有时需要缩窄后身宽而增加前身宽。

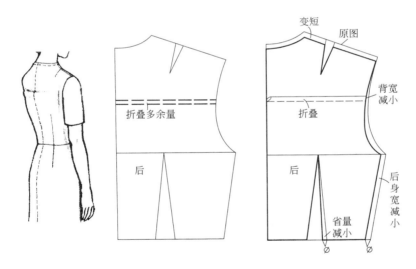

图 5-21　肩胛骨隆挺弱体连衣裙纸样修正

2. 肩胛骨隆挺强、头部肥胖时的情况

肩胛骨隆挺强体纸样修正如图 5-22 所示。

（1）弊病分析　由于肩胛骨的隆挺和头前倾后脖根部肥胖，所以被侧领点拉起在领窝出现抽缩褶皱。背宽余量不足，所以从肋部向肩胛骨的长皱和袖窿上的余皱均会出现。

（2）补正方法　为了使与肩胛骨的隆挺相吻合，要追加长和宽。要剪开不足量使后长加长。肩省、腰省的余量也要增加，与背的圆滑相吻合。背宽、身宽都要加宽，而也有时只加宽后面的身宽，把前面剪掉。还有为了与前倾肥胖的头部相吻合，要加大领窝的尺寸再缩结。为此不足的后肩宽要在肩头追加。

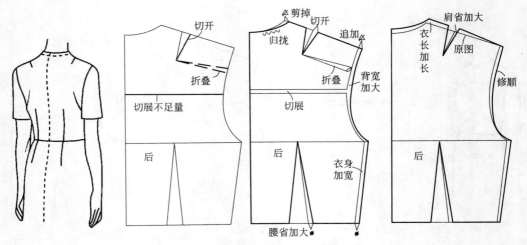

图 5-22　肩胛骨隆挺强体连衣裙纸样修正

（五）袖子补正

1. 前后袖山出皱

耸肩体连衣裙衣袖纸样修正如图 5-23 所示。

（1）弊病分析　耸肩时，被肩支撑在前后的袖山出现长皱。上臂粗、肩肥胖时，也同样会出现长皱。

（2）补正方法　追加袖山的不足，提高袖山。

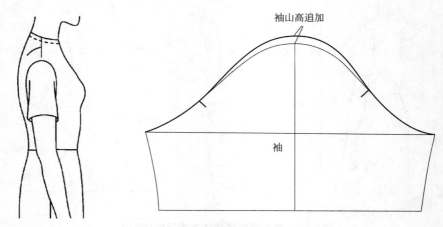

图 5-23　耸肩体连衣裙衣袖纸样修正

2. 前袖有出皱

前袖有出皱时连衣裙（衣袖）纸样修正如图 5-24 所示。

（1）弊病分析　上臂的肩部一侧靠前（前肩），被前面支撑出现长皱。还有袖口也处于前支撑的状态。

（2）补正方法　一边观察袖山点的标记和袖子是否贴伏（是否能沿手臂自然下垂），边向前侧移动。标记在绱袖线上的前后对合标记也移动。前袖有出皱时连衣裙衣袖纸样修正如图 5-24 所示。

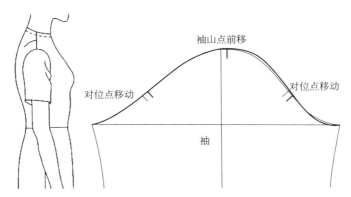

图 5-24　前袖有出皱时连衣裙衣袖纸样修正

3. 后袖上有长皱

后袖有出皱时连衣裙衣袖纸样补正如图 5-25 所示。

（1）**弊病分析**　由于手臂的肩部一侧靠后，所以后面的袖山出现长皱。还有，有时袖口处于被后臂支撑的状态。

（2）**补正方法**　袖山点的标记向后移动。还有，缩袖线的曲线也应修正。

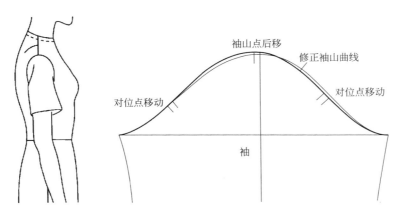

图 5-25　后袖有出皱时连衣裙衣袖纸样修正

（六）下半身

1. 臀部的隆挺强时

臀部挺强体连衣裙纸样修正如图 5-26 所示。

（1）**弊病分析**　原因和褶皱的状态是臀部的隆挺强，抽缩皱就会朝向臀部的高的位置出现。如果省量不足会被牵拉。前面因为扁平而使宽度有余量，省余量也过多。还有后摆上翘，肋线后靠。

（2）**补正方法**　后裙子与臀部的突出相吻合，在腰部追加长度，宽度追加，省余量也增加。省余量大的时候，将省分为两个。前裙子只要在后面追加宽度，前面的宽度变窄，省余量也减少。

2. 臀部扁平

臀部扁平体连衣裙纸样修正如图 5-27 所示。

（1）**弊病分析**　后裙因臀部扁平，会朝向肋线产生长皱，还会出现余皱。肋线靠前，后

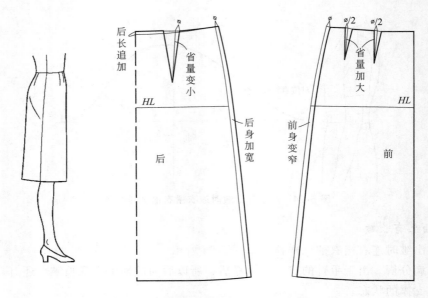

图 5-26　臀部挺强体连衣裙纸样修正

摆不足，前摆向上抬起。前裙如果腹部突出多，则有时也出现抽缩皱。

（2）补正方法　后裙缩窄宽度，省余量也减少。只要在后面缩窄宽度，前裙就相应变宽，省余量也变多。在前腰线，要根据腹部隆挺来追加长度。

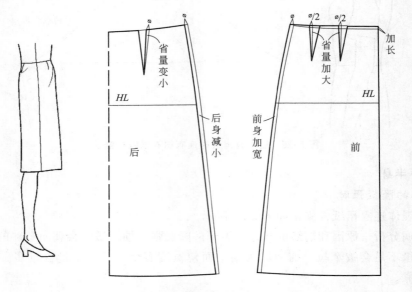

图 5-27　臀部扁平体连衣裙纸样修正

3. 中臀挺强

中臀挺强体连衣裙纸样修正如图 5-28 所示。

（1）弊病分析　由于腰长的人，中臀尺寸太大，会被中臀支撑，由此出现横褶皱。

（2）补正方法　从中臀的稍下方开始到腰部追加宽度，用自然线修正肋线。腰线上追加的尺寸用缩结处理，根据其余量的多少，有的材质难以缩结时，增加省的余量。

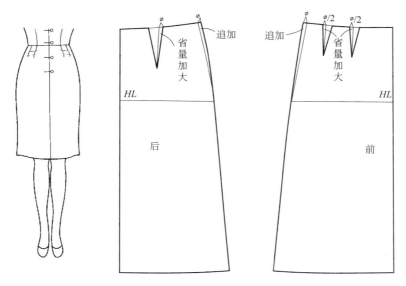

图 5-28　中臀挺强体连衣裙纸样修正

4．大腿部挺强

大腿挺强体连衣裙纸样修正如图 5-29 所示。

（1）弊病分析　大腿部位的松弛余量减少，由于布料牵拉，肋线弯曲。

（2）补正方法　追加前裙的腰、臀、摆宽，注意线的连接，修正肋线。腰部多出的余量加在省量上。

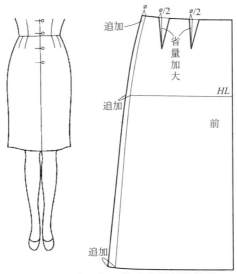

图 5-29　大腿挺强体连衣裙纸样修正

四、连衣裙实缝

为了按照顺序进行加工，制成了缝制过程表。该表将缝制过程分为缝纫加工和手工加工，分别进行了归纳。按照该缝制过程表，缝纫过程、手工过程和编号顺序推进加工，就会实现无浪费和高效率。在不习惯的情况下，对衣片、裙子、袖子分别进行加工之后，再进行组合也可以。在此为了充分理解每一部分的缝制方法和要点，用后面的方法加以说明。缝纫在不习惯时，要先练习假缝和不假缝。还有始缝和终缝要连续来回缝。在补正较少的情况下，保留假缝的缝迹进行实缝就会提高效率。

　　裁剪领口的贴边，在里面贴上粘合衬。

1. 锁缝缝制

　　除了袖窿线和缩袖线、衣片和裙子的腰部要在缝合之后将两片一起进行锁缝外，其余部分均需要提前进行包缝。缝份要裁剪成裁剪图内标注的尺寸。锁缝缝制如图 5-30 所示。

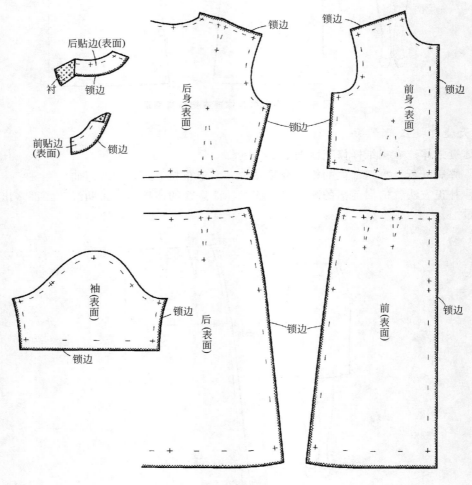

图 5-30　锁缝缝制

2. 省缝缝制

　　为使省的端部自然消失，要注意缝纫时不拉伸布料，缝份单向倒向中心侧，前衣身的腰省余量多的时候，缝份要剪到 1.5cm 左右，将边锁缝。省缝缝制如图 5-31 所示。

3. 衣片缝合

前后衣片对合，缝合肩和肋。肩缝要从领口一侧开始向肩头进行缝纫。这是因为侧领点是一个重要位置，不能错位缝。肩、肋的缝份都要分开。衣片缝合如图 5-32 所示。

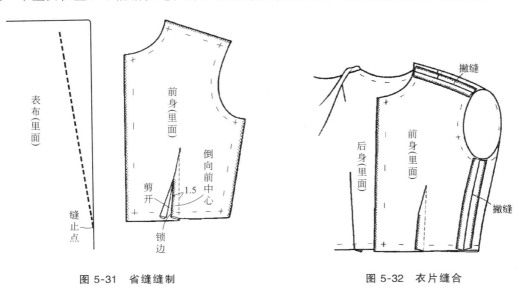

图 5-31　省缝缝制　　　　　　　　图 5-32　衣片缝合

4. 领口缝制

步骤 1：将前后领口贴边的肩对合后缝纫，将缝份分开。

步骤 2：领口贴边在衣片前中心要对称，前中心处贴边离开前中心折叠线 0.5cm 的距离，领口处衣片和贴边的布端要对齐与衣片领口表面吻合。

步骤 3：完成衣片的前中心缝迹之后折叠放在领口贴边上，进行领口的缝纫。然后将缝份剪成 0.5cm，加上剪口以防抽线，剪口要对领口线成直角。

步骤 4：用熨斗将缝份折烫到衣片一侧。

步骤 5：将贴边翻到外面，稍加控制整理，将端部绕缝在衣片的肩缝份上。

领口缝制如图 5-33 所示。

5. 裙子缝制

缝纫前中心和肋，缝制摆的始末。缝到前中心的开口止点，缝份分开。在完成线将摆折叠，用明线从表面压缝。没有明线压缝时，要将锁缝后的里子绕缝，但不要影响表面。有关缝份大小应参照前面的讲解。裙子缝制如图 5-34 所示。

6. 腰部拼接

衣片和裙子对合，将后中心、肋正确对合，前中心的缝份劈开，从一端向另一端进行缝纫。2 片缝份一起进行锁缝，翻向衣身一侧厚的面料时，前端的部分要分开。腰部拼接如图 5-35 所示。

7. 拉链安装

步骤 1：将前中心折叠在成品上，正确地对合拉链的中心和前中心。剥开领口贴边，注意中心不要打开进行假缝、缝纫。进行缝纫时，如果使用拉链压脚，就会更好。对于薄布料和易于伸长的布料，在缝份的里面粘贴粘合衬后再上拉链。

拉链安装缝制如图 5-36 所示。

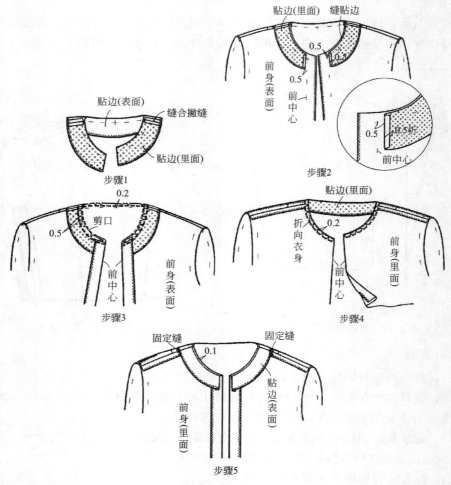

贴边(表面)
缝合撇缝
贴边(里面)
步骤1

贴边(里面)　缝贴边
0.5
0.1
前身(表面)
0.5
前中心
0.5
0.5折
前中心
步骤2

0.2
剪口
0.5
前中心
前身(表面)
步骤3

贴边(里面)
0.2
折向衣身
前中心
前身(里面)
步骤4

固定缝　　固定缝
0.1
前身(里面)
贴边(表面)
步骤5

图 5-33　领口缝制

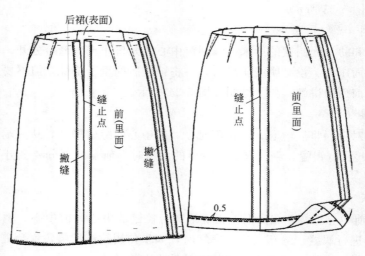

后裙(表面)
缝止点
前(里面)
撇缝
撇缝

缝止点
前(里面)
0.5

图 5-34　裙子缝制

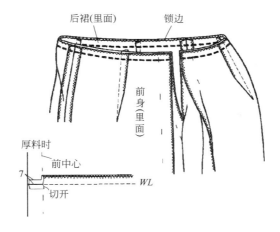

图 5-35　腰部拼接

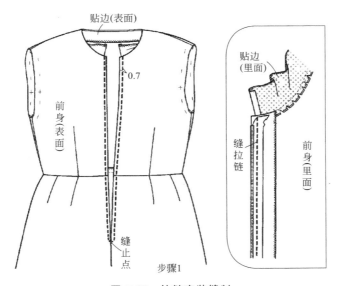

图 5-36　拉链安装缝制

步骤 2：将拉链的带子一端，用缝纫机缝在前中心的缝份上。下端也缭缝在缝份上。

步骤 3：将领口贴边伏贴后，将贴边的端部细细绕缝在缝份上。

步骤 4：从衣片的表面用 2 根明线缝纫领口。

拉链整理如图 5-37 所示。

8. 作袖

步骤 1：缝合袖下，分割缝份。

步骤 2：将袖口折叠在成品上进行缝纫。不进行缝纫时，要与摆一样缭缝里面。

作袖如图 5-38 所示。

9. 绱袖

将袖子和衣片的对合标记对合，漂亮地加上缩结，进行绕缝，确认袖子的绱袖情况。绱袖的缝纫在进行缩结时要注意不要形成塔克和碎褶，不要拉伸衣片的袖窿。袖

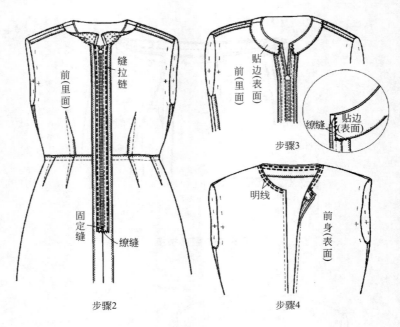

图 5-37　拉链整理

窿下面经常受力，需要结实，为此要进行二次缝纫。缝份要两片一起锁缝始末。绱袖如图 5-39 所示。

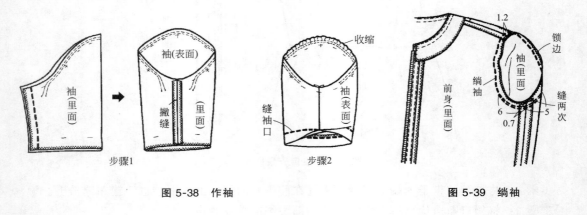

图 5-38　作袖　　　　　　　　　　　　图 5-39　绱袖

10. 整理

不需要的线去除，然后进行喷雾熨烫。肩和袖、裙子要使用布馒头、整理马、袖馒头从外面熨烫。

整理袖子的形状，将整理马或者袖馒头装入袖中。熨烫前衣片和肋的缝迹，使用布馒头熨烫前衣片要注意不要破坏胸的丰满。后衣身、肩的缝迹要使用整理马、布馒头。前和后的领口要在布馒头上熨烫。熨烫袖窿的缝迹。慢慢移动一次将袖窿熨烫好，但要注意不要把袖山的缩结产生的丰满形状搞坏。裙子在整理马的上面整体熨烫。熨烫结束之后，挂在人台或者衣挂上直至余温冷却。

整理如图 5-40 所示。

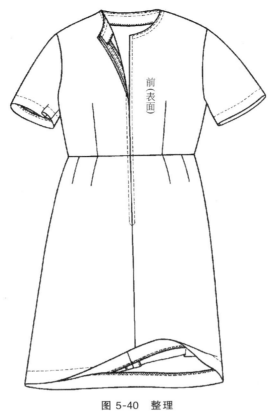

图 5-40　整理

第二节　旗袍式连衣裙弊病补正

一、旗袍式连衣裙款式特点

旗袍是中国妇女的传统套裙,现如今只有在很少场合才能看到有人穿着。这里以最传统的偏襟旗袍为例进行讲解,其变化原理和连腰式合体连衣裙一样。在款式上,在领子及开衩上异于其他连衣裙。此款旗袍为较典型的偏大襟装袖旗袍,中式立领,胸、腰、臀三围的放松量要求合体,胸围放松量可在 6～14cm 之间选择,腰围和臀围的放松量应比胸围少 2～4cm。中、老年服装应宽松些,青年服装可略紧些,再结合体型、面料等条件进行合理加放松量。

二、旗袍式连衣裙裁剪要点

1. 松量确定

胸围处松量为 6cm,腰围和臀围处松量为 2～4cm,前后腰节高同时减少 1～2cm 定位,这种形式可显得人体曲线美,适用于旗袍和紧身连衣裙等。

2. 袖窿深点

由于胸围总放松量仅 6cm,少于原型放松量,所以应在原袖窿深点基础上每片进行横向收缩 1cm、纵向升高减少袖窿深 1cm 的结构处理。

3. 领口绘制

领口宽度为 1/6 的领大加 0.5cm，前领深为 1/6 的领大加 1cm。

4. 省缝绘制

前、后侧缝差数可全部作为省量，使前、后侧缝吻合。遇到胸部较平的体型，省量应适当减少，同时还采取后腰节升高 1cm 定位的方法。前、后腰省约在腰宽中点向前、后中线内量取。侧缝胸省位置可在侧腰点处，也可升高 3～5cm，取斜纱作省，可使省缝平服。省尖可离 BP 点 1.5～3cm。

5. 斜襟绘制

根据款式图绘制大襟弧线，大襟弧线是门、里襟的分界线，其形状可随款式造型要求变化。门、里襟的贴边宽为 4cm，门襟侧缝贴边按衣身形状绘制后，需将省缝拼接而成。

6. 侧开衩

旗袍的下摆通常向内收进 2～3cm，侧缝开衩可高可低，通常在臀围线向下 20cm 处设开衩止点。

旗袍式连衣裙如图 5-41 所示。

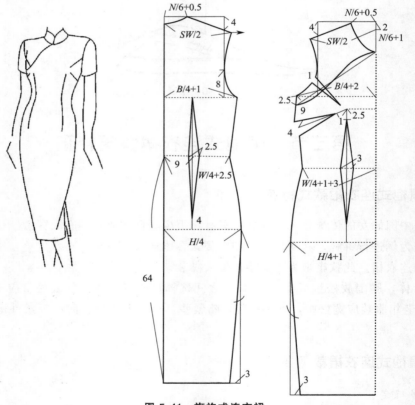

图 5-41　旗袍式连衣裙

三、旗袍式连衣裙弊病补正

旗袍的合体程度要求很高，需要高度符合人体体型来满足三围尺寸。

(一) 旗袍衣领弊病补正

1. 立领后仰

立领后仰如图 5-42 所示。

(1) 弊病分析　后领孔过深，衣领前端翘度过小。

(2) 纸样补正　改浅后领孔，连袖服装的后领深一般在 0.7cm 左右；改大衣领前端起翘度，旗袍立领一般翘起为 1.5～2.5cm。另外，要注意在绱领时领口与领子不吃不抻，松紧一致。

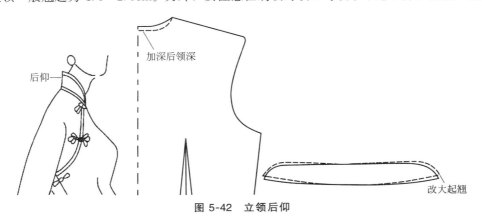

图 5-42　立领后仰

2. 后领卡脖

后领卡脖如图 5-43 所示。

(1) 弊病分析　后领孔开深不够，衣领宽度过大或领子前端起翘过大。

(2) 纸样补正　适当加深后领深，画顺领口弧线；改窄领子宽度，旗袍立领一般为 3～5cm；减少立领起翘。

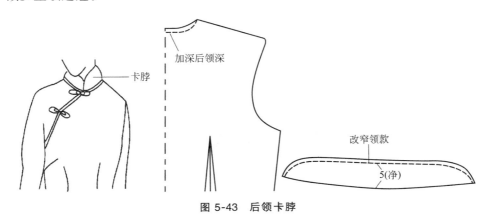

图 5-43　后领卡脖

3. 前领窝不平服

前领窝不平服如图 5-44 所示。

(1) 弊病分析　旗袍前领窝周围出现多余皱纹或起空，不贴合人体。此弊病造成的原因可能是前领深过浅，由于旗袍的前衣身不开襟，不能进行撇胸结构处理，又没有进行胸省转移，这种现象主要体现在胸部过于丰满的体型上。

(2) 纸样补正　可以适当加深前领深，画顺领口弧线，并且将撇胸量转移为肩省或腋下省，如果胸部过于丰满，则要加大腋下省量。

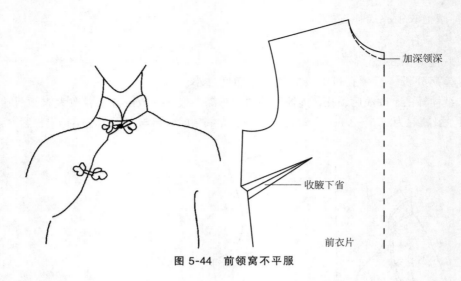

加深领深

收腋下省

前衣片

图 5-44　前领窝不平服

4. 后领窝不平服

后领窝不平服如图 5-45 所示。

（1）弊病分析　旗袍后领窝周围出现横向褶纹，特别是对于溜肩体中更是经常出现此弊病，后领口周围起涌、不平整。此弊病造成的主要原因是：服装纸样结构的原因是后领深过浅；穿着者体型的原因是溜肩体，人体溜肩，而旗袍纸样由于落肩量没有随人体体型适当缩小造成的。

（2）纸样补正　适当加深后领孔，画顺领口弧线。对于溜肩体型，还要适当改小落肩尺寸，使肩斜度减小，同时要提高袖窿深浅。

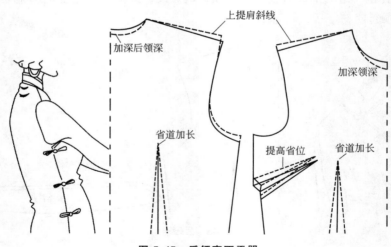

上提肩斜线

加深后领深

加深领深

省道加长

提高省位　省道加长

图 5-45　后领窝不平服

（二）旗袍衣身弊病补正

1. 大襟不平整

大襟不平整如图 5-46 所示。

（1）弊病分析　旗袍等中式偏襟服装在大襟部位不紧贴人体，易产生不平整等弊病。此弊病造成的主要原因可能是大襟在胸围处没有撇进，也有可能是缝制造成的弊病，缝大襟贴边时，贴边没有略带紧，当贴边松度大于大襟面料的松度时，容易使大襟产生不平整现象。

（2）纸样补正　将撇胸量转移到大襟的侧缝处，即在大襟的胸围处向里收紧0.8～1cm，使大襟能够紧贴小襟。由于大襟是斜丝缕，极容易拉伸变形，可以在勾贴边时，略拉紧贴边或者附上牵条，以防止拉松。熨烫时丝缕摆正，防止斜纱拉伸变形并稍做归拢，熨平整。

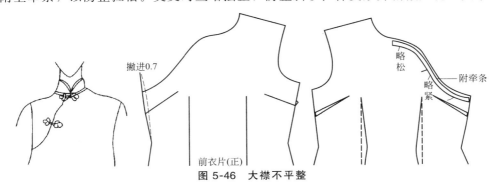

图 5-46　大襟不平整

2. 胸部空荡

胸部空荡如图5-47所示。

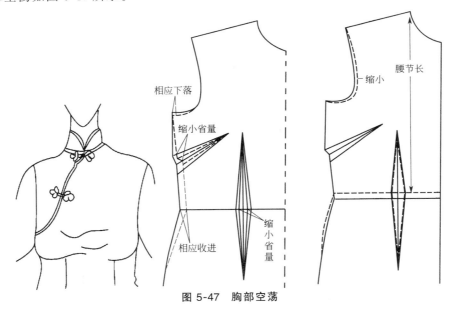

图 5-47　胸部空荡

（1）弊病分析　衣身胸部起空、宽松或出现褶皱，称为胸部空荡。造成此弊病的原因主要是：胸省量过大，与穿着者实际胸凸程度不相符；前衣身腰节线以上部分过长，即背长采寸过大，超出穿着者的实际腰节长，致使上部空荡；也许是前胸宽尺寸过大（主要是针对含胸体）。

（2）纸样补正　适当减小胸省量，并且相应地将袖窿深线下落，将侧缝线在腰节处收进；找出准确的实际腰节长，提高腰节线；缩小前胸宽，使其符合穿着者体型。

3. 胸部绷紧

胸部绷紧如图5-48所示。

（1）弊病分析　前身胸宽部位牵扯拉紧。造成此弊病的主要原因是前胸宽尺寸不足，胸省太长或省份太大，不符合人体胸部高度；背长尺寸小于实际腰节长。

（2）纸样补正　加大前胸宽尺寸，省长度改小、省份改小，一般距乳凸 BP 点 4～5cm，按实际腰节长改好腰节线，根据胸部丰满程度适当加大腰节翘度。

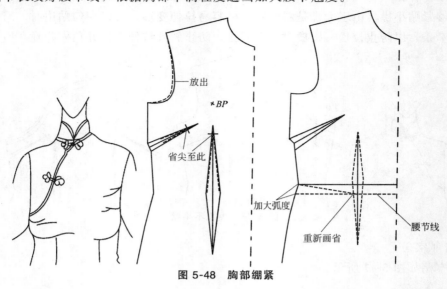

图 5-48　胸部绷紧

4. 腰部起空

腰部起空如图 5-49 所示。

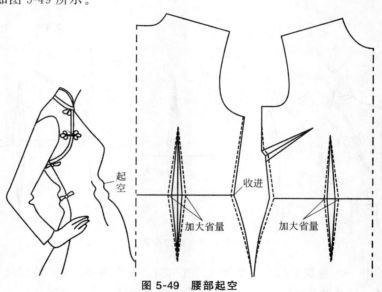

图 5-49　腰部起空

（1）弊病分析　旗袍常在腰省部位出现不平服、起空的弊病，称为腰部起空。造成此弊病的主要原因是腰部加放尺寸过大、收腰量不足等。

（2）纸样补正　符合腰围尺寸，加放合理的腰部松量，一般加放 4cm 左右；适当加大腰省量和侧缝收腰。

5. 后背部空荡

后背部空荡如图 5-50 所示。

（1）弊病分析　后背部位多余的量形成横向褶皱，既不合体又不平整。此弊病造成的原因主要是后腰节尺寸过长、后衣片上提过多或是挺胸体型易产生背部空荡现象。

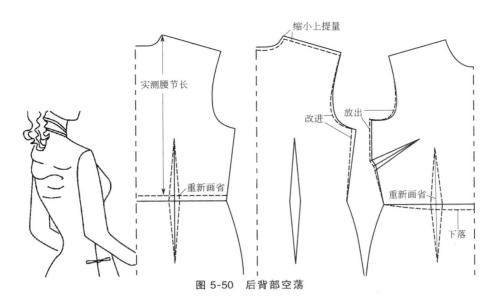

图 5-50 后背部空荡

（2）纸样补正 因为旗袍比较合体，所以在纸样制作时需要准确测量出后腰节长；缩小后背长度并画顺领口、肩斜线及袖窿弧线。对于挺胸体型，要适当缩小后背宽尺寸，加大前胸宽及前胸围尺寸，并且加长前腰节长度，缩短后腰节。在胸围的比例分配上，可采取互借的方法，即前大后小的比例分配。

6. 后身吊起

后身吊起如图 5-51 所示。

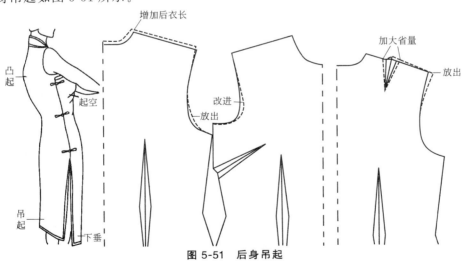

图 5-51 后身吊起

（1）弊病分析 这是驼背体所造成的假性弊病，由于后背凸起，所以后衣身的纵向和横向的尺寸不够，造成后肩省量不足，引起后身吊起。

（2）纸样补正 适当增加后身的长度，加大后腰节长，后袖窿深随之加深；适当加大后背宽尺寸、缩小前胸宽尺寸。

7. 臀部绷紧

臀部绷紧如图 5-52 所示。

（1）弊病分析 臀部出现绷紧。此弊病造成的主要原因是臀围的放松量不足或凸臀体型

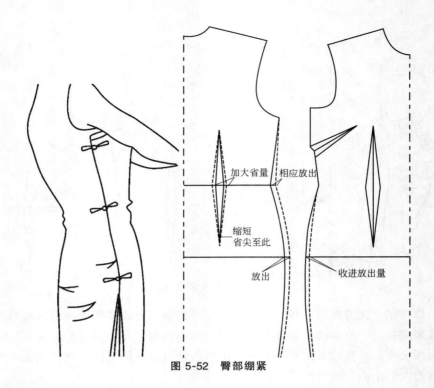

图 5-52　臀部绷紧

图中标注：加大省量　相应放出　缩短省尖至此　放出　收进放出量

的前后片臀围尺寸比例分配不当。

（2）纸样补正　臀围加放松量一般为 4～5cm；对于凸臀体型，要加大后臀围尺寸，同时缩小前臀围尺寸，采取互借的方法，同时需要增加后腰省的量。

（三）旗袍衣袖弊病补正

1. 抬臂受限

抬臂受限如图 5-53 所示。

（1）弊病分析　由于袖子瘦，所以手臂不易举起，抬臂受限。造成此弊病的主要原因是衣片袖窿太深、袖子的袖山高太大，而且袖山上部过窄、袖缝长度不足。

（2）纸样补正　降低袖山高，增加袖山上部宽度，同时也增加了袖底缝的长度，同时减小袖窿深。

2. 袖山绷紧

袖山绷紧如图 5-54 所示。

（1）弊病分析　袖子的袖山上段横向丝缕绷紧，袖山顶部不饱满。造成此弊病的主要原因是袖子的袖山上部宽度不足以及预留袖山吃势量不足。

（2）纸样补正　增加袖山上部宽度，也可以加宽袖肥，减小袖山高，并且预留出合适的袖山吃势量，使装袖后袖山饱满。

3. 袖侧缝起吊

袖侧缝起吊如图 5-55 所示。

（1）弊病分析　袖底缝向上吊起使袖口线不水平。造成此弊病的主要原因是前后袖缝不等长、袖口线与前后袖侧缝线不成直角。

（2）纸样补正　补正前后袖侧缝线使其等长；补正袖口线与前后袖缝线成直角，使成品的袖口线保持水平。

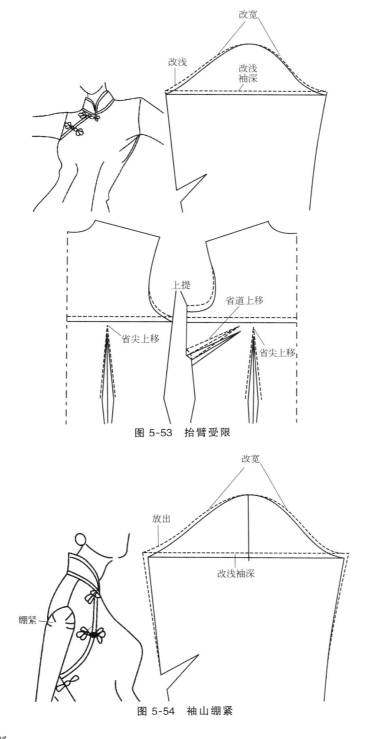

图 5-53 抬臂受限

图 5-54 袖山绷紧

4. 腋下卡紧

腋下卡紧如图 5-56 所示。

（1）弊病分析 袖窿底部有堆积的褶皱，穿着不舒适，臂根部有被卡的感觉。造成此弊病的主要原因是袖窿深尺寸不足、袖深过浅。

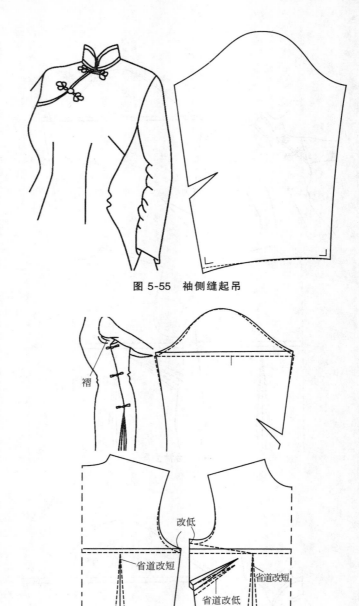

图 5-55　袖侧缝起吊

图 5-56　腋下卡紧

（2）纸样补正　适当增加袖窿深尺寸，画顺袖窿弧线；加大袖山高尺寸，画顺袖山弧线，确保袖山高与袖窿深尺寸匹配。

（四）旗袍肩部弊病补正

1. 肩缝不平服

肩缝不平服如图 5-57 所示。

（1）弊病分析　肩缝出现不平服。造成此弊病的主要原因是裁片肩缝不顺直，后肩宽小于或等于前肩宽，而没有略大于前肩宽，绱袖没有吃量。

（2）纸样补正　保证肩缝顺直并使后肩宽略大于前肩宽约 0.3cm。

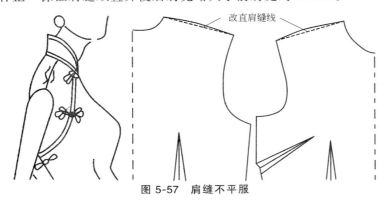

图 5-57　肩缝不平服

2. 正"八"字肩

正"八"字肩如图 5-58 所示。

（1）弊病分析　旗袍属于高度合体的服装，如果肩斜度不适宜，就会产生正"八"字形褶皱。正"八"字形是由于肩斜度过小产生的，或在端肩体中也常出现此弊病。

（2）纸样补正　产生正"八"字形时，要适当增加落肩尺寸，加大肩斜度。

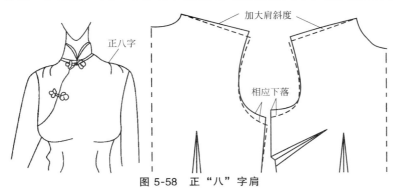

图 5-58　正"八"字肩

3. 反"八"字肩

反"八"字肩如图 5-59 所示。

（1）弊病分析　旗袍属于高度合体的服装，如果肩斜度不适宜，就会产生反"八"字形褶皱。反"八"字形是由于肩斜度过大产生的，在溜肩体中常出现此弊病。

（2）纸样补正　产生反"八"字形时，要适当减小落肩尺寸，减小肩斜度。

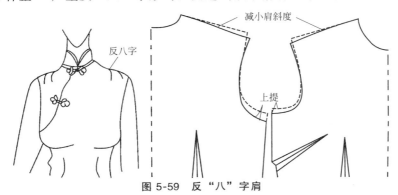

图 5-59　反"八"字肩

第六章　西服裙纸样补正

第一节　西服裙常见弊病补正

一、腰头外撇

腰头外撇如图 6-1 所示。

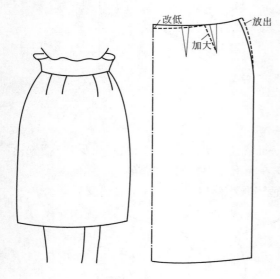

图 6-1　腰头外撇

（1）弊病分析　腰头外闪，腰头装好后向外撇，不伏贴腰部。造成此弊病的主要原因是前后裙片腰口尺寸与腰头尺寸不相符，裁剪腰头时，没有核对前后裙片腰口的大小。

（2）纸样补正　距前中线腰口处略改低并画顺至腰口翘势，加大省量，并且在侧缝处放出相应量，画顺侧缝弧线。

二、腰口起涌

腰口起涌如图 6-2 所示。

（1）弊病分析　在裙腰下的前后片中心处有余量，腰口起涌，产生横向褶纹。造成此弊病的主要原因是腰口弧线凹势不够，侧缝翘势不足。

（2）纸样补正　在前后片中线处向下适当低落，并且加大侧缝翘势，一般保证翘势为 0.7～1cm，装腰时一定要准确。

三、腹部紧绷

腹部紧绷如图 6-3 所示。

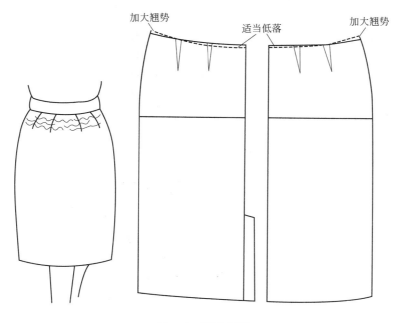

图 6-2　腰口起涌

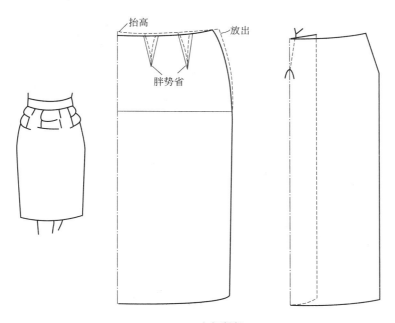

图 6-3　腹部紧绷

（1）弊病分析　前腹部绷紧有横向褶皱，腹部丰满突起，并且下摆吊起。造成此弊病的主要原因是小腹围度尺寸不足，省设计得过大。

（2）纸样补正　抬高前中线 1cm 左右，减小省量，设计成胖势省，侧缝线相应向外放出，缝制时要缉成胖形省，放在布馒头上烫出腹部胖势。

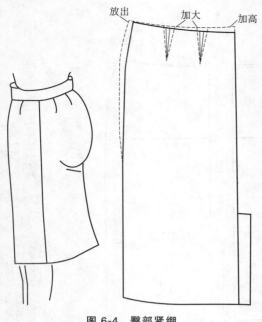

四、臀部紧绷

臀部紧绷如图 6-4 所示。

（1）弊病分析　臀部绷紧、下摆起吊，臀部丰满处产生紧绷的横褶，使臀围线上移而底摆吊起。造成此弊病的主要原因是臀围加放松度不足，或省缉得过长等原因。

（2）纸样补正　加大臀围松量和后片省量，提高后中腰围线。

五、腰下纵褶

腰下纵褶如图 6-5 所示。

（1）弊病分析　因臀部偏平及后裙片省的形状不符合人体或省量过小的原因，使得腰部产生纵向多余量，出现腰下纵褶。

（2）纸样补正　在加大省量的同时，将省的形状设计成符合人体的橄榄形。

图 6-4　臀部紧绷

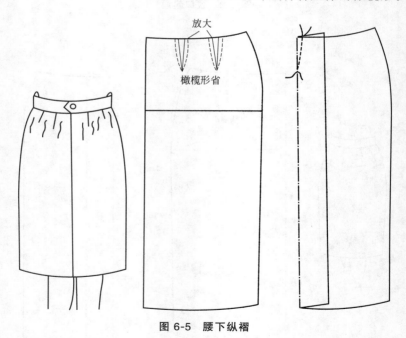

图 6-5　腰下纵褶

六、后开衩豁开

后开衩豁开如图 6-6 所示。

（1）弊病分析　直筒裙的后开衩不能拼拢，向两边裂开。造成此弊病的主要原因是缝制时没有采取相应的技术处理。

（2）补正方法　缉线时按照中心线至开衩上口撇进 0.5cm 缉后缝，后片装腰时多缝

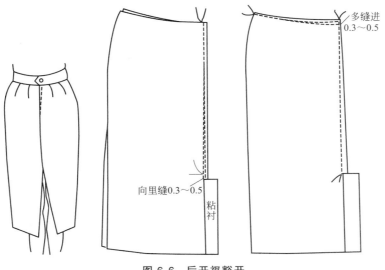

图 6-6　后开衩豁开

进 0.5cm。

七、前裆褶合不拢

前裆褶合不拢如图 6-7 所示。

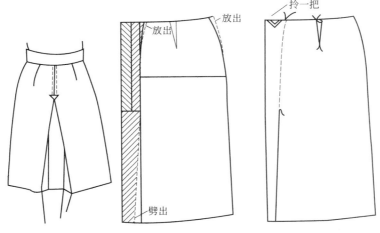

图 6-7　前裆褶合不拢

（1）弊病分析　裙子前片裆褶处不能并拢在一起而向两边裂开。造成此弊病的主要原因是裆褶处省位的形状不符合腹部造型。

（2）纸样补正　将腰部裆褶处省量放出 0.5cm 并画成弧形顺至臀围线，然后由臀围线与前中线交点开始顺势劈出到底边 1.5cm，腰围在侧缝处相应放大 0.5cm 来抵消加大的省量。

八、前底摆挡腿

前底摆挡腿如图 6-8 所示。

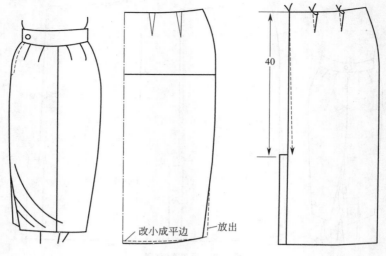

图 6-8　前底摆挡腿

（1）弊病分析　行走时前底摆挡腿。造成此弊病的主要原因是下摆围度小，底摆弧度稍大，使得前下摆下沉或是后开衩过小。

（2）纸样补正　将下摆围度适当放出，减小底摆弧度。

九、后裙身起吊

后裙身起吊如图 6-9 所示。

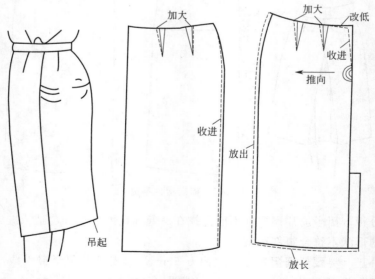

图 6-9　后裙身起吊

（1）弊病分析　穿着者体型为腰细臀大时，臀部绷紧引起后腰口起涌，使得后裙摆吊起将侧缝向后拉拽，裙侧缝后移。造成此弊病的主要原因是腰省量过小，臀围松量不足，使得前后裙片比例不恰当。

（2）纸样补正　调整前后裙片比例，在后中缝臀围线上向里做内倾线至腰口，加大省量，并且同时放大腰口尺寸。改低后中心线处的腰口线，同时加大前裙片的省量。

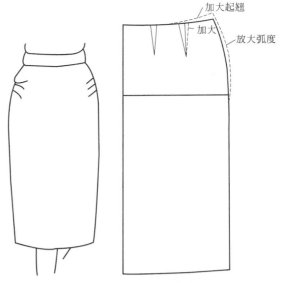

图 6-10　胯骨处紧绷

十、胯骨处紧绷

胯骨处紧绷如图 6-10 所示。

（1）弊病修正　在胯骨隆起处裙侧缝紧裹并形成横向的褶皱。造成此弊病的主要原因是省量过小，臀部与腰部之间侧缝弧线不符合体型。

（2）纸样补正　加大腰部与臀部之间处的侧缝线弧度以保证胯骨处的松量需要，将靠近侧缝处的省量加大，同时腰口侧缝处适当上翘。

第二节　特体西服裙的纸样补正

一、凸肚体型

凸肚体弊病现象如图 6-11 所示。

图 6-11　凸肚体弊病现象

1. 凸肚体型者穿着标准规格西装裙时出现的问题

① 腹部绷紧，前身严重吊起。

② 腹部隆起，使省缝起翘。

③ 摆缝倾斜与地面不垂直，下摆朝前翘。

④ 后身腰节下面出现横向皱纹。

2. 凸肚体型西服裙的纸样修正方法

裙前片纸样修正如图 6-12 所示。

① 为适应凸肚体型，前片摆缝全部放出，增大宽度，摆缝在臀围线处适当归拢，使之前片圆顺合身。

② 增大前褶裥的劈势，实质是收大前中线的省量，前片省位相应朝摆缝移出。前中线尽量多归拢，以适合凸肚体型。

③ 前身摆缝上口改短，使前身平服，上口改短多少，下摆相应放长多少。这样可以增加前中线总长度，消除凸肚部位紧绷感。

④ 后腰口中间开落，使腰节下面平服，皱纹消失。

二、驳臀体型

1. 驳臀体型穿着标准规格西装裙时出现的问题

裙侧身弊病现象如图 6-13 所示。

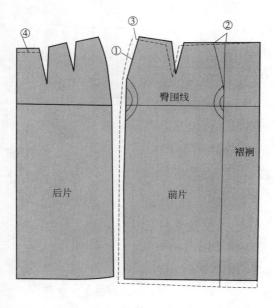

图 6-12　裙前片纸样修正

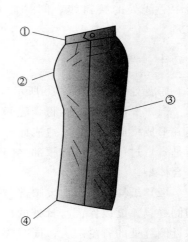

图 6-13　裙侧身弊病现象

① 后腰头错落，被翘起的臀围拖下来。

② 后省缝不贴身，起翘隆起。

③ 两边摆缝在腰节下面有褶皱出现。

④ 两侧摆缝朝后歪斜，后身吊起，下摆与地面不平行。

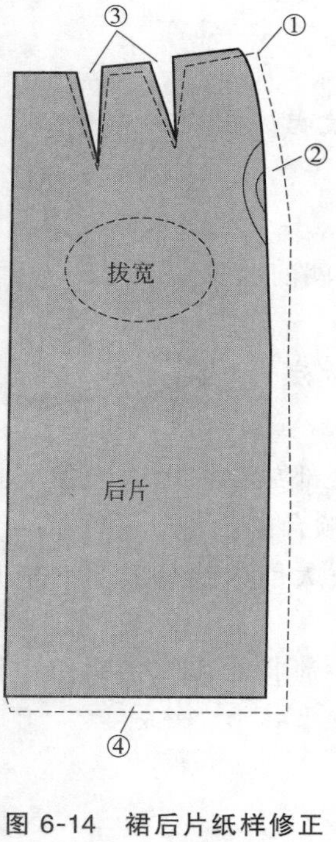

2. 驳臀体型西装裙的纸样修正方法

裙后片纸样修正如图 6-14 所示。

① 后身摆缝上口略微改短。

② 后片摆缝尽量放出，以增大后臀围的宽度。在摆缝处适当归拢，在臀部丰满处要拔宽，使之宽松舒适。

③ 为适应丰满的臀部，两个后省要加大收省量，省呈 V 字形。

④ 上腰口改短多少，下摆相应放出多少，使后片摆缝与前片同样长短。

三、高盆骨体型

1. 高盆骨体型穿着标准规格西装裙时会出现的问题

裙前身弊病现象如图 6-15 所示。

① 摆缝向上吊起，以摆缝为对称轴，两边出现八字形褶皱。盆骨部位明显紧绷。

② 靠摆缝一边的前、后片省均起翘，不贴身。

③ 前、后片腰节以下起横向褶皱。

图 6-14　裙后片纸样修正

2. 高盆骨体型西装裙的纸样修正方法

裙侧缝纸样修正如图 6-16 所示。

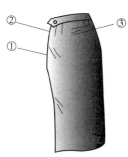
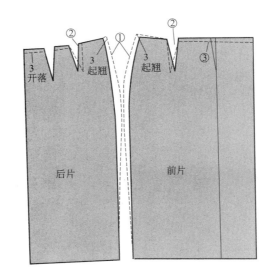

图 6-15　裙前身弊病现象　　　　　　　图 6-16　裙侧缝纸样修正

① 在盆骨突出部位将摆缝放大，但在腰的上口要少放，将摆缝画弯曲。

② 靠近摆缝的前省和后省分别放大，省呈 V 字形。

③ 起翘与开落：在摆缝处腰头要起翘 0.3cm，在前、后片中心线处要开落 0.5cm 左右，直至褶皱消失为止。

第七章　裤子纸样补正

第一节　裤子常见弊病补正

一、腰部弊病补正

1. 腰部松垮

腰部松垮如图 7-1 所示。

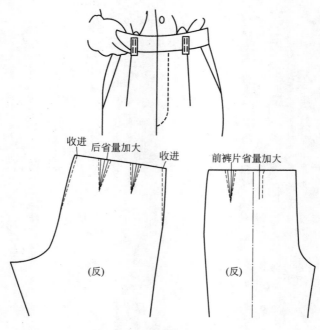

图 7-1　腰部松垮

（1）弊病分析　成品西裤腰围太大不合适。造成此弊病的主要原因是量体时腰围尺寸不准确或者未考虑跨季节的因素。

（2）纸样补正　把后裆斜线或侧缝胖势按需要改小，加大裤片褶裥和省量。

2. 后腰出角

后腰出角如图 7-2 所示。

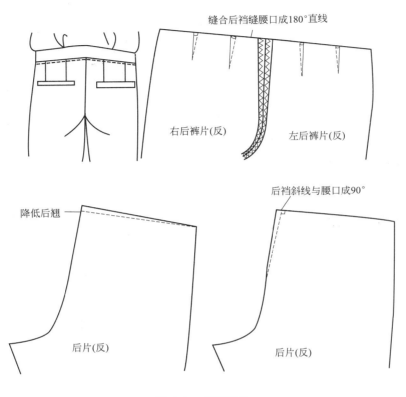

图 7-2　后腰出角

（1）弊病分析　裤子后腰处出现折角。造成此弊病的主要原因是后翘过高或后腰口线与后裆斜线角度小于 90°从而引起后腰口生角。

（2）纸样补正　首先降低后翘，并且修正裤片后裆斜线与后腰口线使其成为直角。

3. 后腰头凹陷

后腰头凹陷如图 7-3 所示。

（1）弊病分析　与后腰生角弊病相反，为后腰口不顺直向下凹进的现象。造成此弊病的主要原因是后翘偏低或后腰口线与后裆斜线角度大于 90°从而形成后腰口处凹进。

（2）纸样补正　增加后翘高度，修改后裆斜线与腰口线的倾斜度使其角度为直角。

4. 后腰口起褶

后腰口起褶如图 7-4 所示。

（1）弊病分析　裤子后腰口起褶。造成此弊病的主要原因是后翘太高、后省量过小或腰臀之间的侧缝胖势不足。

（2）纸样补正　降低裤片后翘高并将后裤片省相应放大，增大腰臀之间的侧缝胖势。

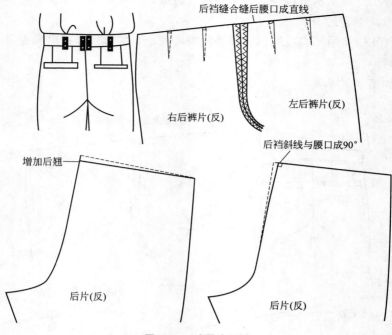

后裆缝合缝后腰口成直线

右后裤片(反)

左后裤片(反)

后裆斜线与腰口成90°

增加后翘

后片(反)

后片(反)

图 7-3　后腰头凹陷

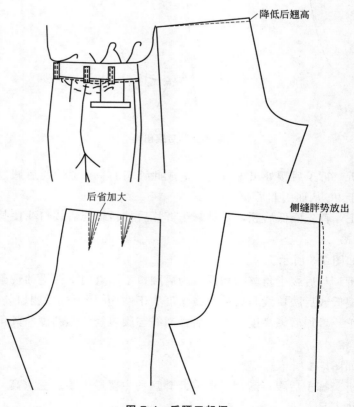

降低后翘高

后省加大

侧缝胖势放出

图 7-4　后腰口起褶

二、裆弯弊病补正

1. 前裆弯褶皱

前裆弯褶皱如图 7-5 所示。

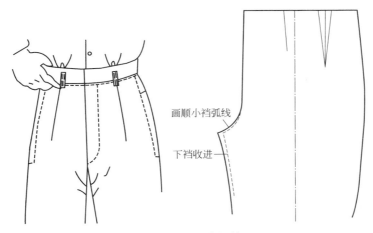

画顺小裆弧线

下裆收进

图 7-5　前裆弯褶皱

（1）弊病分析　前裆弯褶皱，前门襟下端出现倒八字形褶皱。造成此弊病的主要原因是前裤片的小裆弯度凹势不足。

（2）纸样补正　加大小裆弧度，减少小裆宽并相应向里收进。

2. 后裆弯裂裆

后裆弯裂裆如图 7-6 所示。

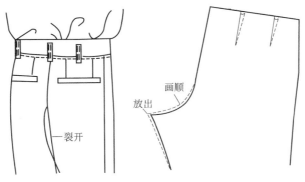

画顺

放出

裂开

图 7-6　后裆弯裂裆

（1）弊病分析　后裆弯裂开，特别是迈步或下蹲时更易裂开，俗称"裂裆"。造成此弊病的主要原因是后裤片大裆弯凹势过深，大裆弯过窄。

（2）纸样补正　加宽后裆弯，画顺大裆弧线，视立裆情况也可以减小后裤片立裆深。

3. 后裆弯夹紧

后裆弯夹紧如图 7-7 所示。

（1）弊病分析　后裆弯夹紧，俗称"夹裆"。造成此弊病的主要原因是横裆与后裆弯过小，上裆长度太短或后裆弯凹势不圆顺。

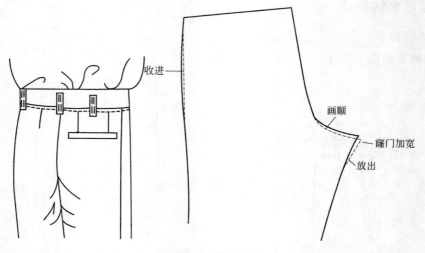

图 7-7　后裆弯夹紧

（2）纸样补正　将后裆弯加大并画顺裆弯线，同时收进后裤片侧缝。

4．横裆弯过宽

横裆弯过宽如图 7-8 所示。

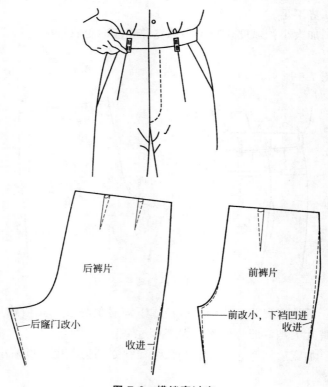

图 7-8　横裆弯过宽

（1）弊病分析　裤子大腿根部位不合体，显得太宽，出现褶皱，整体造型不美观。造成此弊病的主要原因是前后裤片横裆部位侧缝线太直，横裆尺寸过大。

（2）纸样补正　减小前后横裆尺寸，修改后裤片的横裆部位使其凹进量增加。

5. 后裆弯起空

后裆弯起空如图7-9所示。

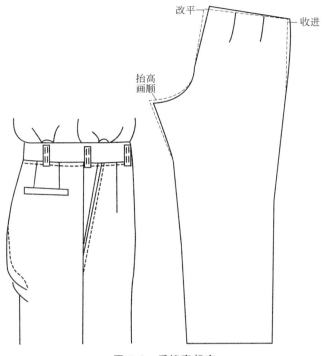

图7-9　后裆弯起空

（1）弊病分析　裤子横裆处起空。造成此弊病的原因很多，比如前后裤片配比不合适或臀围放松量过多、直裆过长或横裆过宽、后裆缝斜势过大或后裆弧线凹势不足等。

（2）纸样补正　首先复核臀围的加放量和裤子前后片的配比是否正确，减少后裤片裆弯斜度和后翘量。在缝制前配合归拔工艺处理裤片，会收到很好的效果。

三、臀腹弊病补正

1. 臀部下沉起皱

臀部下沉起皱如图7-10所示。

（1）弊病分析　后裤片臀部下沉起皱，造成此弊病的主要原因是后裤片腰口和翘度过大，侧缝困势过大，后裆弯偏小。

（2）纸样补正　将后翘改小，后裤片的侧缝胖势减小，后裆弯相应放大画顺后裆弯线。

2. 臀部紧绷腹部宽松

臀部紧绷腹部宽松如图7-11所示。

（1）弊病分析　虽然臀围与腰围的放松度适中，但穿上后臀部绷紧腹部起空。造成此弊病的主要原因是前裤片的褶裥量过大，前后裤片横裆以上部位的比例不符合体型特征，使前裤片太大，后裤片太小。

（2）纸样补正　在臀围与腰围松量适中的情况下，前裤片横裆线以上臀围肥度相应改

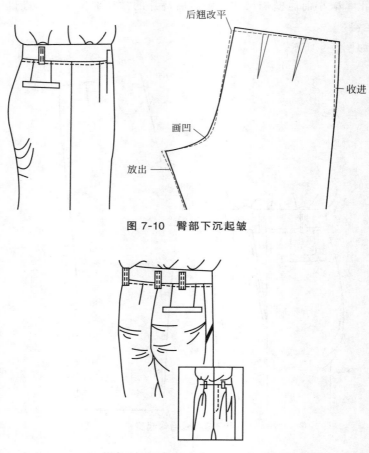

图 7-10　臀部下沉起皱

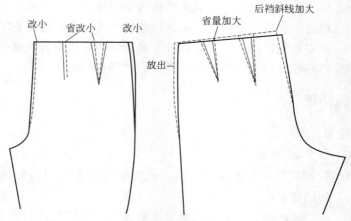

图 7-11　臀部紧绷腹部宽松

小，后裤片臀围部位相应增大，后裆斜线及省量也随之加大。

四、侧缝线弊病补正

1. 内侧缝吊起

内侧缝吊起如图 7-12 所示。

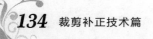

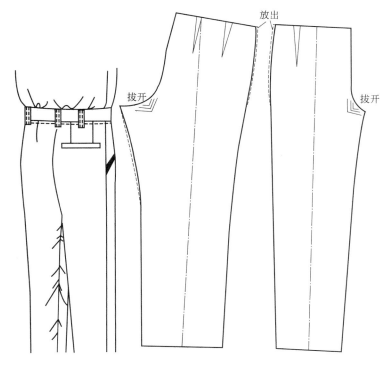

图 7-12　内侧缝吊起

（1）弊病分析　挺缝线对折好后脚口不在同一水平上，左右内侧缝有向上吊紧的现象。造成此弊病的主要原因是布料的经纱与挺缝线不平行，后裤片的侧缝凸度过小。

（2）纸样补正　加大前后裤片的侧缝凸量，裆底拔开，排料裁剪时布料的经纱要与挺缝线平行。

2. 外侧缝起涟

外侧缝起涟如图 7-13 所示。

（1）弊病分析　造成外侧缝起涟的主要原因是后翘高度不够，后裤片侧缝胖势不足。

（2）纸样补正　加大后裤片翘势，放出侧缝胖势，前裤片腰口线要下落，侧缝收进，后裆弧线略凹进并加大后裆斜度。

五、挺缝线弊病补正

1. 挺缝线内收

挺缝线内收如图 7-14 所示。

（1）弊病分析　裤子挺缝线内收。造成此弊病的主要原因是前后裤片烫迹线与布料经纱不平行。

（2）纸样补正　外侧缝下段向外放出，内侧缝则向内收进，前后片侧缝处立裆线向下落，同时后裆内侧缝向外适量放出。特别应注意，排料时使前后裤片的挺缝线与布料经纱平行。

2. 挺缝线外撇

挺缝线外撇如图 7-15 所示。

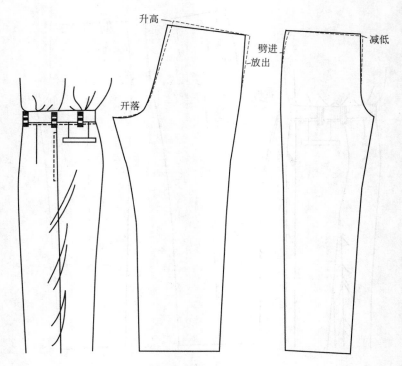

图 7-13　外侧缝起涟

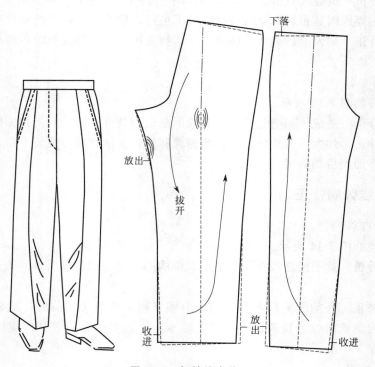

图 7-14　挺缝线内收

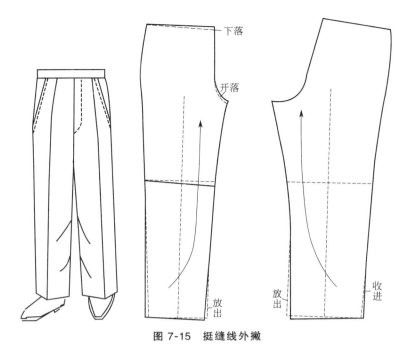

图 7-15　挺缝线外撇

（1）弊病分析　裤子挺缝线外撇。造成此弊病的主要原因是前后裤片烫迹线与布料经纱不平行。

（2）纸样补正　外侧缝下段向里收进，内侧缝则向外放出，前片立裆线向下落，同时前裆弯随之下落。特别应注意，排料时使前后裤片的挺缝线与布料经纱平行。

六、裤脚弊病补正

1. 裤脚侧缝处上吊

裤脚侧缝处上吊如图 7-16 所示。

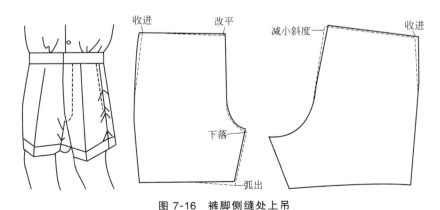

图 7-16　裤脚侧缝处上吊

（1）弊病分析　裤脚处内外侧缝上吊。造成此弊病的主要原因是侧缝和下裆的长度不够，侧缝胖势不足或后裆斜线斜度过大。

（2）纸样补正　前裤片小裆向下开落，脚口线略向下使其与侧缝线的夹角为直角，腰口线改平，前后侧缝处向里收进加大侧缝的凸势，减小后裤片后中斜度。

2. 前裤脚贴腿

前裤脚贴腿如图 7-17 所示。

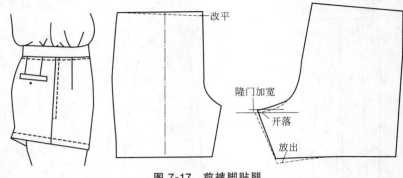

图 7-17　前裤脚贴腿

（1）弊病分析　前裤脚紧贴腿部。造成此弊病的主要原因是前裤片腰口前中心处画得过斜，后片落裆深度不足，后裤片的下裆脚口处没有向外放出形成直角。

（2）纸样补正　改低前裤片门襟腰口线，加深后裤片落裆，后裤脚口向外放出形成直角。

第二节　特体裤子弊病补正

一、凸肚体型裤子弊病补正

1. 凸肚体型者穿着标准规格西裤时出现的问题

凸肚体裤子弊病现象如图 7-18 所示。

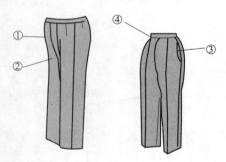

图 7-18　凸肚体裤子弊病现象

① 腹部绷紧，前门襟部位明显隆起、凸出。

② 前门襟线吊起，有八字状褶皱。

③ 前身袋口绷开，甚至里襟豁开，不能弥合，同时也有几条褶皱存在。

④ 腰围下口的裤片有横向褶皱。

2. 凸肚体型西裤的纸样修正方法

凸肚体裤子纸样修正如图 7-19 所示。

① 放高前门襟的翘度，使裤腰呈翘起形状。凸肚越大，起翘越多。

② 对已经制成的裤片或试样，因无法再放出前翘，可通过改短腰头方法，同时开落前裆弯。

③ 前裤片袋口处放出。

④ 腰围大、臀围小者仅靠放出仍达不到腰围尺寸时，只能收小前裥与后省，直至前片收一个裥或者不收裥。

⑤ 男性体的胖势在胃部，呈球冠形的较多。画出胖势后再辅以推、归工艺，使裤片的胖势与凸体相吻合。

⑥ 凸肚体的后片外侧缝要向外放出，脚口向里划进。

⑦ 后片的放出与省位变化，使腰围尺寸发生变化，通过校正以符合裁制的腰围尺寸。

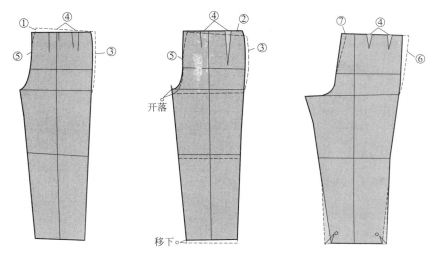

图 7-19 凸肚体裤子纸样修正

二、仰体凸肚体型

1. 仰体凸肚体型者穿着标准规格西裤时出现的问题

仰体凸肚体裤子弊病现象如图 7-20 所示。

① 腹部紧绷程度更严重，甚至门襟与里襟无法弥合。

② 前门襟吊起。

③ 后腰中间有横向褶皱，裤片沉落。

④ 外侧缝有斜向褶皱，后裤片紧紧贴住小腿，裤子向前窜。

2. 仰体凸肚体型西裤的纸样修正方法

仰体凸肚体裤子纸样修正如图 7-21 所示。

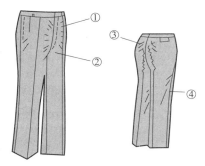

图 7-20 仰体凸肚体裤子弊病现象

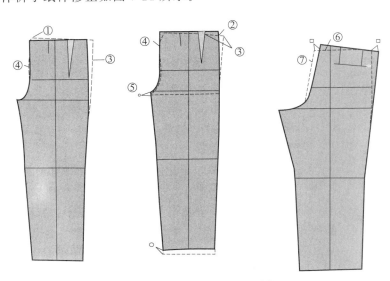

图 7-21 仰体凸肚体裤子纸样修正

① 按照表 7-1、表 7-2，揣摸前翘的数值，待试样时再最后确定。

表 7-1　凸肚体型分类

单位：cm

凸肚类别　部位	正常体	小凸肚	中凸肚	大凸肚
臀围	100～106	107～108	109～110	111 以上
腰围	70～76	80～85	86～92	93 以上
臀围与腰围差	30～33	25 左右	20	12

表 7-2　凸肚体型裁剪分析

单位：cm

凸肚类别　部位	正常体	小凸肚	中凸肚	大凸肚
直裆	31	31.5	32	32.5
前翘值	0	0.5～0.7	1.0～1.2	1.7～2.0
辅助裁法	两个裥或省	减小裥或省	收一个裥或将省收小	无裥、省

② 对已裁制的裤片，只能降低外侧缝线的上口，使腰口线出现倾斜的翘势，同时开落横裆线。

③ 大凸肚体型应尽可能放出外侧缝线，直至袋口线成直线。腰围尺寸不够时，可缩小两个褶裥，甚至一个裥或无裥。

④ 根据凸肚的最高点位置，划出胖势，使前门襟成凸形弧线。

⑤ 直裆的实际长度必须增加，因而要开落前裆弯的长度，同时脚口线也放长相等长度。

⑥ 仰体所形成的瘪臀，其后翘应改平，把后腰改平一些，但也要适当留些后翘，这样蹲下时会比较舒服。

⑦ 后中线改直，后外侧缝相应移进改直，使后腰尺寸符合规定的裁制要求。

三、驳臀体型

1. 驳臀体型穿着标准规格西裤时会出现的问题

驳臀体裤子弊病现象如图 7-22 所示。

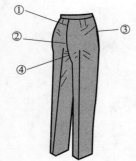

① 后裆缝吊紧，后裆弯出现明显褶皱。

② 后臀部绷紧，蹲下时感觉不方便。

③ 袋口稍豁开，不能弥合。

④ 裤脚口朝后豁，抬腿感觉困难，运动时也感觉不方便。

2. 驳臀体型西裤的纸样修正方法

驳臀体裤子纸样修正如图 7-23 所示。

① 后外侧缝与腰口放出并划顺，使臀部宽松舒适，后中线相应改进，使腰围符合裁制的尺寸。

② 对未裁的裤片应放高后翘，可掌握在 1.7cm 以上；已经裁好的裤片或试样只能改短后片外侧缝上口。臀部越丰满，后翘越高。

③ 后横裆线同步下移，使得后裆长度不变短，裤脚线相应放长。

图 7-22　驳臀体裤子
弊病现象

④ 后裆弯放大，使总的后横裆尺寸大于普通体型。

⑤ 后腰口放出，使原省位不正确，重画省位，使其尽量放大，省长缩短。

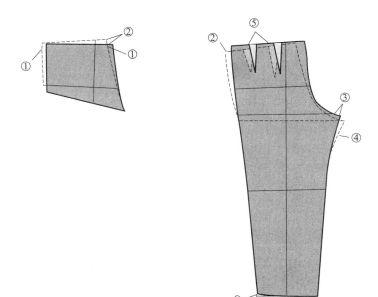

放长

图 7-23　驳臀体裤子纸样修正

四、落臀体型

1. 落臀体型穿着标准规格西裤时会出现的问题

落臀体裤子弊病现象如图 7-24 所示。

① 后腰与后中缝一起沉落，后腰省不平服，出现横向的褶皱。

② 后臀部过于宽松，出现起涌、皱纹。

2. 落臀体型西裤的纸样修正方法

落臀体裤子纸样修正如图 7-25 所示。

① 裤后片的后中缝应当放直，同时后翘改平，在 1cm 以下。

② 后外侧缝同步收进，变直。

③ 后中缝改直后，省位相应调整，同时两个省改短、改小，省呈橄榄形。

④ 将后腰头上口略拔弯，呈弧形。

五、 X 形腿

1. X 形腿穿着标准规格西裤时会出现的问题

X 形腿裤子弊病现象如图 7-26 所示。

① 里裆缝呈斜向褶皱。

② 双腿立正时，前挺缝线对不准鞋尖。

③ 腿口不平服，向里荡开。

2. X 形腿西裤的纸样修正方法

X 形腿裤子纸样修正如图 7-27 所示。

先画出标准体西裤原型，然后在中裆线横向断开纸型（剪开点在内侧缝线上），展开一段距离，下段裤片开始形变（见虚线），由此裁出新的裤片。

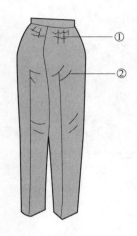

图 7-24　落臀体裤子弊病现象

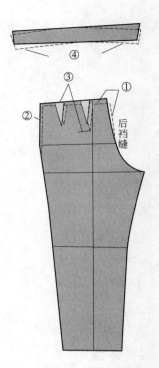

图 7-25　落臀体裤子纸样修正

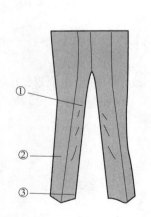

图 7-26　X 形腿裤子弊病现象

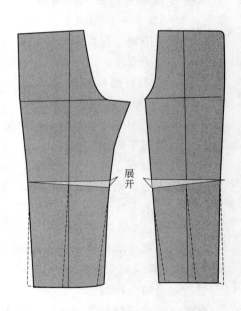

图 7-27　X 形腿裤子纸样修正

六、O 形腿

1. O 形腿穿着标准规格西裤时会出现的问题

O 形腿裤子弊病现象如图 7-28 所示。

① 外侧缝线下段呈斜向褶皱。

② 双腿立正时，前挺缝线对不准鞋尖。

③ 腿口不平服，向外荡开。

2. O 形腿西裤的纸样修正方法

O 形腿裤子纸样修正如图 7-29 所示。

图 7-28　O 形腿裤子弊病现象

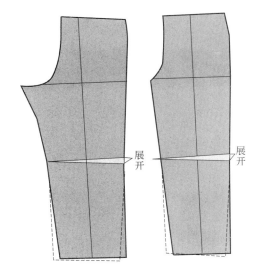

图 7-29　O 形腿裤子纸样修正

先画出标准体西裤原型，然后在中裆线横向断开纸型（剪开点在外侧缝线上），展开一段距离，下段裤片开始形变（见虚线），由此裁出新的裤片。

第八章　西服套装纸样补正

西装又称西服、洋服，起源于欧洲，是全世界最流行的一种服装，也是商界正式场合着装的优先选择。但是对于某些身材特殊的人来说，衣服的尺寸则是他们考虑的首要问题，这些人通常买不到合身的西装。我们可以以标准体型的西装纸样为基础，通过量体裁衣的方法，对西装的纸样加以修正，以此来满足特殊体型的人对西装的合体度的要求，与此同时还要掌握一定的穿着西装的标准，这样一来就可以来弥补体型上的缺陷，使西装穿起来称心如意：如何拥有一套美观的西装——我们看款式；如何拥有一套舒适的西装——我们看面料；如何拥有一套合体的西装——我们看板型。

第一节　女西服上衣样板补正

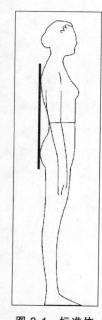

根据标准体型尺寸制定的板型，适合标准体型人群穿着，却不适合特殊体型人群。那么毫无疑问，适合正常体型穿着的服装肯定是不适合非正常体型的，当然正常体型穿着裁剪不当的服装也会导致不合适。无论是什么样的体型，只要服装不符合穿着者的体型，都会产生着装弊病。以下是利用基础制图，研究特殊体型下的服装结构弊病的补正，本节主要讲解经典女西服套装的板型补正。

一、标准体型女西服样板制作

1. 标准体型

标准体指的是体轴位于身体正中心，身体左右对称，前后厚度均衡，身体挺直的体型。标准体如图 8-1 所示。

2. 标准体型女西服上衣结构制图

图 8-2 所示为标准体女西服制板，单排两粒扣，平驳领，这是最具代表性的西装板型。此西装绘制采用原型法（日本文化式新原型），基本的尺寸规格是：胸围 84cm，背长 38cm，腰围 68cm。

图 8-1　标准体

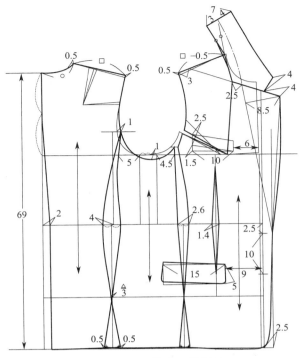

图 8-2　标准体女西服制板

3. 标准体型女西服基础样板

图 8-3 所示为标准体女西服基础样板，为了看起来更加清晰直观，也便于说明，图中的一些关键位置标上了字母。

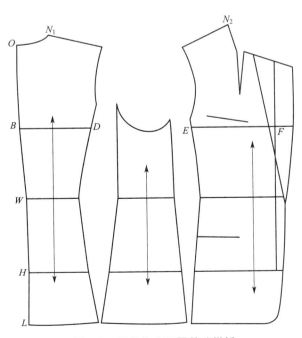

图 8-3　标准体女西服基础样板

二、挺胸体型女西服样板补正

1. 挺胸体型女西服衣身样板补正

挺胸体也称反身体，观察人形模特，其体型特征是：胸部向前凸起，背部扁平，头颈部向后仰，身体较厚，前胸宽大于后背宽，整个中心体轴向后倾，走路时一般呈仰视状态。因此挺胸体型的人穿着正常服装时，前胸紧绷，胸侧部起皱，前衣领荡开不伏贴，后领窝出现横向褶皱，上衣出现前短后长的状况。

该体型由于胸部比较突出，所以造成了前胸宽以及从侧颈点到胸侧部距离不足（$N_2 \sim E$）。在进行板型修正时，把前衣片样板的胸围线剪开，沿箭头方向展开 0.8cm，则侧颈点（N_2）的位置就会向上、向后移动，胸宽增加，前领宽也增加，补充了前衣长不足的量。后片剪开胸围线，沿箭头方向，向下折叠 0.4cm，使得侧颈点（N_1）以及领窝下移，防止后背领窝处出现横向褶皱，同时减短后衣长，使前后衣身长短得到平衡。挺胸体衣身样板补正如图8-4所示。

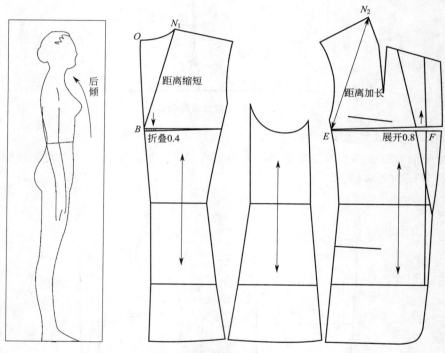

图 8-4　挺胸体衣身样板补正

2. 轻度挺胸体型女西服衣身样板补正

轻度挺胸体与标准体相比，胸部轻微前挺，从侧面观察，上半身微微后倾，整体形态不明显。板型修正时只需要操作前衣身即可，剪开胸围线，沿箭头方向展开 0.5cm，侧颈点（N_2）随之会略微向上、向后移动，$N_2 \sim E$、$N_2 \sim F$ 距离都增大，弥补前衣长不足。轻度挺胸体衣身样板补正如图8-5所示。

3. 重度挺胸体型女西服衣身样板补正

重度挺胸体的胸很厚，上半身向后倾度大，如果穿着标准体服装，前宽不足，后宽有余，前衣身下摆吊起，后背和后领窝也有很多横向褶皱。

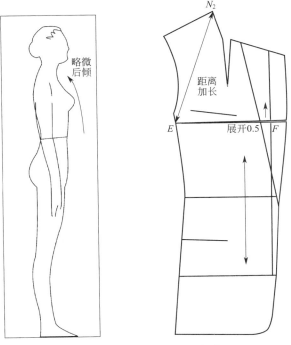

图 8-5 轻度挺胸体衣身样板补正

板型修正时，前片样板在胸围处剪开，沿箭头方向拉开 0.8cm，则侧颈点 N_2 会向上、向后移动。这样就补充了前胸宽，也加大了前衣长。后衣片由于背宽和背长都有余，剪开背宽线和胸围线，沿箭头方向向下折叠 0.3cm，侧颈点（N_1）和后领窝都随之下移，减去了后背多余的量，避免褶皱的出现。重度挺胸体衣身样板补正如图 8-6 所示。

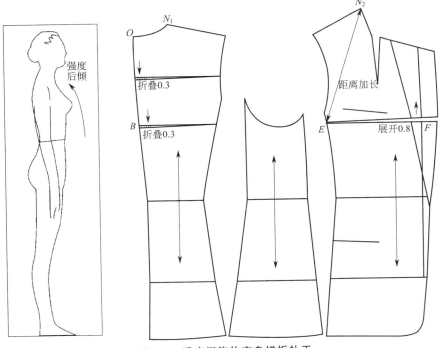

图 8-6 重度挺胸体衣身样板补正

4. 挺胸凸肚体型女西服衣身样板补正

挺胸凸肚体就是在挺胸体的基础上腹部凸出，从侧面观察，该体型胸部前挺，腹部比较肥满，身体相对较宽，躯干后倾，穿着标准体服装时，前短后长，前衣身下摆止口重叠，后背开衩易豁开。背部和领窝处易出现横向褶皱。

板型修正时，前片胸围线剪开，沿箭头方向向上展开 0.8cm，腰围线也剪开，向上下两侧分别拉开 0.35cm，使得侧颈点向上、向后移动，肩斜线也向上提高，前衣身整体拉长。后片剪开胸围线，向下折叠 0.5cm，使得侧颈点、后领窝下移，缩短后衣身的长度。挺胸凸肚体衣身样板补正如图 8-7 所示。

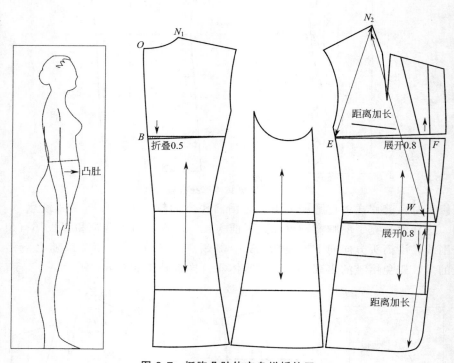

图 8-7 挺胸凸肚体衣身样板补正

5. 重度挺胸凸臀体型女西服衣身样板补正

挺胸凸臀体胸部大，臀部向后突出，上半身后倾，穿着标准体服装，胸侧部有斜绺，前门襟吊起，前下摆重叠，后开衩豁开，后背有横向褶皱，臀部非常紧绷。

前片板型修正时，剪开前宽线和胸围线，沿箭头方向分别展开 0.7cm，则侧颈点上升后移，使前胸宽和前衣身加大。假如前肩长度不够，则可以把前肩端点向袖窿方向移动 0.5cm。后片将后颈点到腰围线分成三等分，中间两处分别剪开，向下折叠 0.3cm，缩短此距离，同时侧颈点、后领窝、肩部下移，缝制后背出现褶皱。同时腰围线剪开，沿箭头方向向上折叠 0.2cm，使后中线按折叠后的位置，下摆则按标准体的位置，以解决凸臀的问题。如果臀部不足，则可以同时在腋下片和后片上追加。挺胸凸臀体衣身样板补正如图 8-8 所示。

6. 重度挺胸平臀体型女西服衣身样板补正

挺胸平臀体在胸部上与挺胸体形态一致，该体型臀部扁平，肌肉不发达，穿着标准体服装时，挺胸体有的弊病都有，同时由于臀部扁平，后身下摆有余量，出现斜褶。

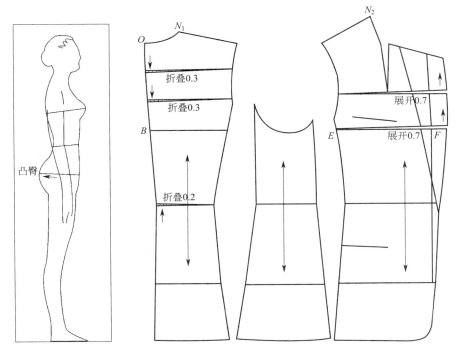

图 8-8　挺胸凸臀体衣身样板补正

前片板型修正时与超强挺胸凸臀体基本一致，剪开前宽线和胸围线，沿箭头方向分别展开 0.8cm，则侧颈点（N_2）上升后移，使前胸宽和前衣身加大。如果前肩尺寸不足，可延长肩线。后片修正时，为缩短后背距离，将后颈点到胸围线（$O \sim B$）分成三等分，中间两处分别剪开，向下折叠 0.3cm，防止出现褶皱。为解决平臀体则需要剪开后片腰围线，沿箭头方向向下展开 0.4cm，补充背部余量。挺胸平臀体衣身样板补正如图 8-9 所示。

7. 挺胸体型女西服袖子样板补正

挺胸体由于胸部前挺，人体后倾，两臂也相应偏后，穿着时，袖子后侧容易出现褶皱。补正的方法有两种：一是把袖山中点后移 0.5cm；二是将大小袖的袖肥线剪开，沿箭头方向，向上分别折叠 0.5cm，使得外侧缝缩短，同时袖口向后移，消除褶皱。挺胸体袖子样板补正如图 8-10 所示。

三、驼背体型女西服样板补正

1. 驼背体型女西服衣身样板补正

驼背体也称屈身体，是脊柱压迫弯曲的结果，从侧面看后背凸出，肩胛骨向前弯曲，人体前倾，走路时一般呈俯身状态，穿着标准体的衣服，前衣身下摆豁开，后背开衩重叠或下摆起翘，衣服前长后短。

板型修正时，前片将胸围线剪开，沿箭头方向折叠 0.4cm，使得侧颈点（N_2）向前移动，肩线相对下降，胸宽减小。后片修正时，在样板的胸围线处剪开，展开 0.7cm，增加了后背的长度，侧颈点、后领窝、肩线都上移，整个后衣身加长，防止下摆上翘。驼背体衣身样板补正如图 8-11 所示。

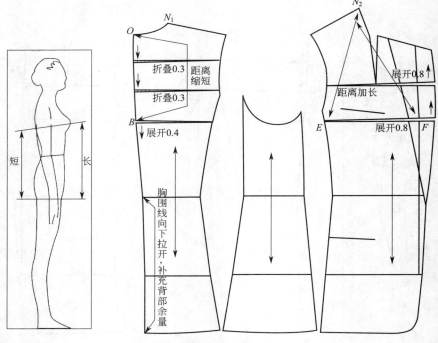

图 8-9　挺胸平臀体衣身样板补正

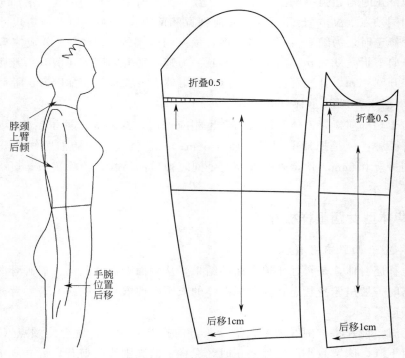

图 8-10　挺胸体袖子样板补正

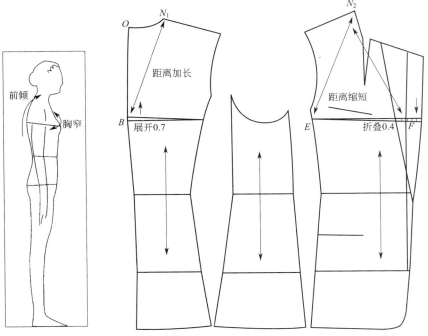

图 8-11 驼背体衣身样板补正

2. 轻度驼背体型女西服衣身样板补正

轻度驼背体前胸扁平，后背宽厚，肩胛骨呈拱形，上半身略微向前弯曲，这种情况进行板型修正时，只需要操作后衣身，前片样板不动。后片沿胸围线剪开，拉开 0.6cm，侧颈点向上、向前移动，使后衣身加长。轻度驼背体衣身样板补正如图 8-12 所示。

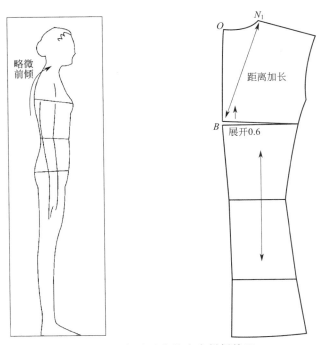

图 8-12 轻度驼背体衣身样板补正

3. 重度驼背体型女西服衣身样板补正

这类体型的驼背特征较为明显，背圆，背宽，胸窄，身体向前弯曲程度较大，板型修正时，前片分别剪开胸宽线和胸围线，沿箭头方向向下折叠 0.3cm，则侧颈点（N_2）向下，向前移动，肩线下降，同时前胸宽变小，缩短了前衣身的距离。后片将后颈点到腰围线分成三等分，中间两处分别剪开，沿箭头方向展开 0.6cm，使得后背变宽，后领窝后肩线上升，加大了侧颈点到胸围线的距离。值得注意的是，胸围线以上加大的量要在底摆处调整回来，保证衣身长短不变。重度驼背体衣身样板补正如图 8-13 所示。

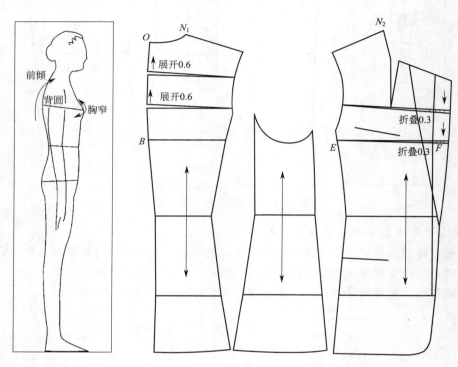

图 8-13　重度驼背体衣身样板补正

4. 弯腰屈膝体型女西服衣身样板补正

弯腰屈膝体，该体型在老年人中较为普遍，从侧面看，胸部更薄、更窄，臀部非常扁平，上半身弯曲程度很大，同时前身短，后身相对较长，若是穿着标准体的服装，前衣长、后衣短，后片紧绷，背侧部有褶，后背开衩重叠。驳头和前胸宽有余量，领子不抱脖、不伏贴，同时袖子肥的地方也易产生褶皱。

前片样板修正时，剪开胸宽线和胸围线，沿箭头方向向下折叠 0.3cm，则侧颈点（N_2）向下、向前移动，缩短了侧颈点到胸围线的距离，同时为了防止前衣身两侧往后跑，前下摆敞开，沿腰围线剪开，向下折叠 0.3cm，使衣身缩短。

后片板型修正时，从后颈点到胸围线剪开三处，分别向上展开 0.5cm，使得侧颈点、后肩线向上移动，同时增加了后颈点到胸围线之间的量，弥补了后身的不足。在靠近袖窿线的一侧，两处分别折叠 0.2cm，使得后身符合驼背体背部圆弧曲线。在腰围线处剪开，拉开 0.3cm，加大了后衣身的长度，防止下摆上吊和开衩重叠。弯腰屈膝体衣身样板补正如图 8-14 所示。

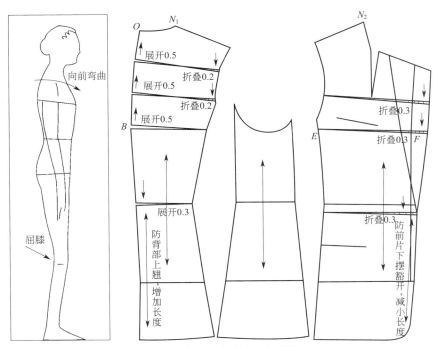

图 8-14 弯腰屈膝体衣身样板补正

5. 驼背体型女西服袖子样板补正

驼背体由于背部弯曲,人体前倾,造成两臂前偏,穿着时,袖子前面易出现褶皱。样板补正时,将大小袖的袖肥线剪开,沿箭头方向向下展开 1cm,使得袖口向前偏移 0.8~1.5cm,同时加大外侧缝的长度,消除褶皱。驼背体袖子样板补正如图 8-15 所示。

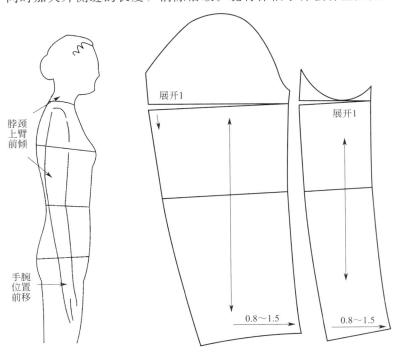

图 8-15 驼背体袖子样板补正

四、肥满体型女西服样板补正

1. 肥满体型特征

肥满体就是腹部脂肪堆积过多、腹部隆起、非常丰满的体型，主要的特征在腹部。根据胸腰差，肥满体可以分为四类，如表 8-1 所示。

表 8-1　肥满体的分类　　　　　　　　　　　　单位：cm

体型	胸腰差
标准体（B 体型）	9～13
小肥满体（准大腹体）	小于 8
肥满体（大腹体）	2
特肥体（特大腹体）	小于 2

腹部肥满表现位置以及程度不同，有些突出在腹部以上，有些在腹部以下，结合前面对挺胸体和驼背体的研究，对肥满体的两种类型进行研究，即挺胸挺腹型、弯腰屈膝型。

2. 挺胸挺腹体型女西服衣身样板补正

挺胸挺腹体就是在挺胸体的基础上的肥满体，从侧面观察其人形模特，胸部外挺，胸宽较宽，腰部凹陷，腹部外挺，整个上半身向后倾，此体型的人若是穿着标准体的服装，前襟豁开，前襟下摆止口重叠，向上吊起，而背开衩豁开。同时腹部侧面会有斜向褶皱，衣服整体前短后长。

前片板型修正时，剪开胸围线，按箭头方向展开 0.8cm，侧颈点会向上和向后移动，同时肩线会上升。腰围线处剪开，上下各展开 0.5cm，加长了前身的长度，弥补了其不足的量。后片板型修正时，剪开腰围线，沿箭头方向向上折叠 0.2cm，缩短后身的长度。肥满体 1 衣身样板补正如图 8-16 所示。

3. 弯腰屈膝体型女西服衣身样板补正

弯腰屈膝体是以驼背体为基础演变而来的体型，从侧面观察其人形模特，前胸较窄，后背较圆，弯腰屈膝，多见于老年人。由于上半身前倾，与标准体相比，头、颈、胸部前倾，前胸窄，后背宽。但是由于屈膝的状态，整个躯干有后倾之势，腹部脾出，臀部下降。

前片板型修正时，剪开胸围线，沿箭头方向向下折叠 0.4cm，使侧颈点向下、向前移动，肩线也相对下降，缩短衣身上半部分的长度。腰围线也剪开，向上、向下分别展开 0.4cm，修正因腹部脾出而造成的衣身长度不足的弊病。

后片板型修正时，剪开背宽线和胸围线，分别展开 0.5cm，使得侧颈点、肩线都向上移动。因为背部弯曲的程度因人而异，如果背部前倾不大，可以只展开胸围线而不展开背宽线，此处参照驼背体的修正方法。后片的下半部分剪开腰围线，展开 0.2cm，加大后衣身的长度。肥满体 2 衣身样板补正如图 8-17 所示。

五、平肩体型女西服样板补正

1. 平肩体型特征

平肩体的人肩比较平，肩斜角小于 19°，从背面观察，肩部高耸，肩线较平，一般常见

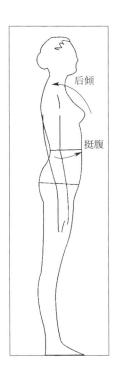
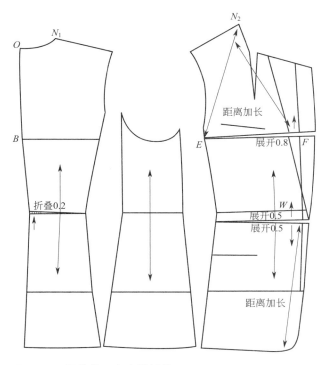

图 8-16　肥满体 1 衣身样板补正

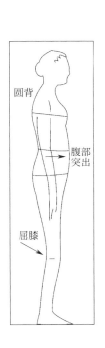
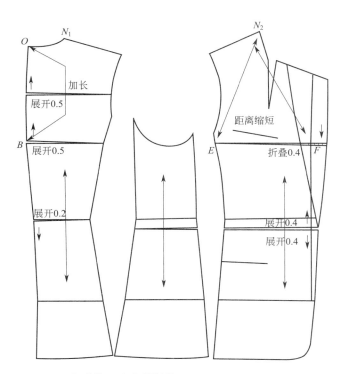

图 8-17　肥满体 2 衣身样板补正

于较瘦的人群。总体的形态描述是：脖颈较细，肩宽较窄，袖窿深较浅，肩胛骨位置高，穿着标准体服装时，驳口不伏贴，止口豁开，衣身向后跑，领窝以及背部上方易出现褶皱。

2. 平肩体型女西服衣身样板补正

板型修正时，将前后片从肩线中点处剪开，沿胸围线的垂直线剪开至胸围线以下 2cm，再沿水平线方向剪开至侧缝线，然后整体向上平移 1cm，把肩线、侧缝修顺直。这样一来，袖窿深上移，前胸长、后背长都相应减小，肩斜也减小，防止领根部上移，以及后背出现横向褶皱情况。平肩体衣身样板补正如图 8-18 所示。

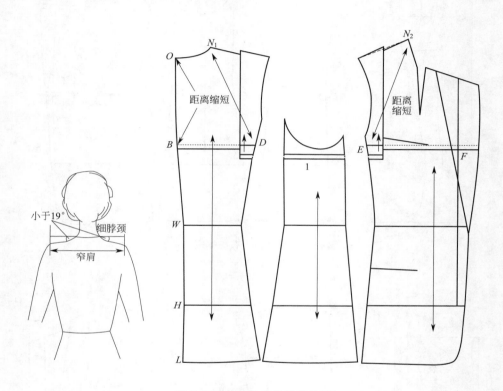

图 8-18　平肩体衣身样板补正

六、溜肩体型女西服样板补正

1. 溜肩体型特征

溜肩体也称低肩体或斜肩体，即肩斜角大于 21°，从背面看，肩部较斜，一般伴随着肥胖或者较为厚实的身体。整体的形态表现为：脖颈较粗，肩宽较宽，袖窿深较深，肩胛骨位置较低，如果穿着标准体服装时，肩部腋下有斜向褶皱，前身衣摆重叠，后身下摆有余绺，整个衣身两侧向前跑。

2. 溜肩体型女西服衣身样板补正

板型修正时，从前后片肩线中点处开始，纵向沿胸围线的垂直线剪开，横向在胸围线以下 2cm 处水平剪开形成交汇，整体向下折叠 0.5~1cm，把肩线、侧缝修顺直。这便使得肩斜角度增大，袖窿深线下移，增加了前胸长（N_2~E、N_2~F）和后背长（O~B）的距离，以弥补不足。溜肩体衣身样板补正如图 8-19 所示。

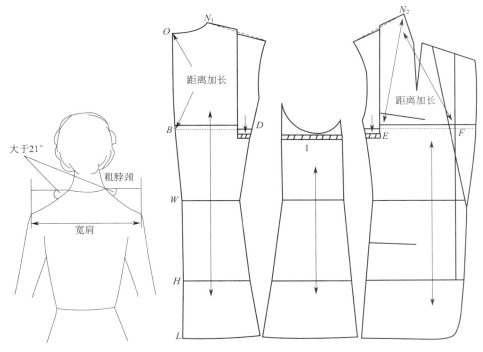

图8-19　溜肩体衣身样板补正

大于21°
粗脖颈
宽肩

第二节　女西服套装裤子样板补正

西裤是准确反映体型的标杆，合体的长裤应该是从臀部笔直下垂至底边，裤身无褶皱，侧缝直顺，呈现舒适的状态。实际上，由于人体上半部分的特殊体型，往往会造成下半部分的特殊性，使得裤子不合体。当然下身臀部、腿部的特殊体型，也直接导致了穿着的疵病，因此裤子的板型修正就变得至关重要。以下是利用标准体样板进行的板型修正，一是结合西装上衣修正时的体型分类进行相对应的西裤板型修正，二是对臀部、腿部的常见特殊体型的修正。

一、标准体型女西裤基础样板制作

一款较宽松的女西裤，是生活中较为常见的西裤板型，以此来作为标准体型的样板。图8-20所示为标准体女西裤制板，规格设计为：裤长（TL）为98cm，腰围（W）为68cm，臀围（H）为102cm，上裆（BR）为28.5cm，裤口（SB）为22cm。具体的制图数据在图中体现。图8-21所示为标准体女西裤基础样板。

二、挺胸体型女西裤样板补正

挺胸体型的人，由于胸部前挺，上半身后倾，腰臀异于标准体，因此裤子也会出现弊病，前立裆长不足，后立裆余量多。在进行板型修正时，前片剪开立裆深线，沿箭头方向移动1cm，增加前立裆的长度。后片沿臀围线剪开，折叠1cm，减小后立裆长。前后片板型修正的量都是根据挺胸的程度来决定，挺胸程度大，修正的量就大，挺胸程度小，修正的量就小，修正时一般前后片增加或减少的量相等。挺胸体裤子样板补正如图8-22所示。

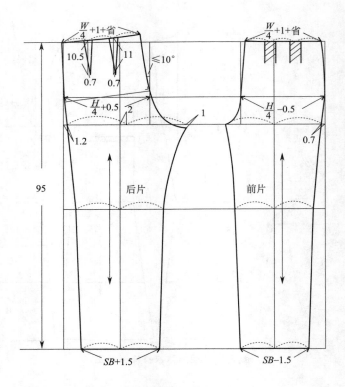

图 8-20 标准体女西裤制板

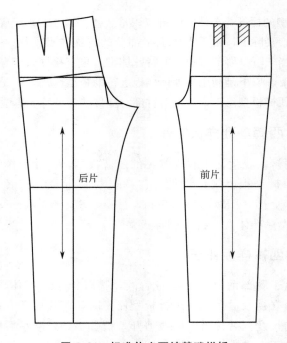

图 8-21 标准体女西裤基础样板

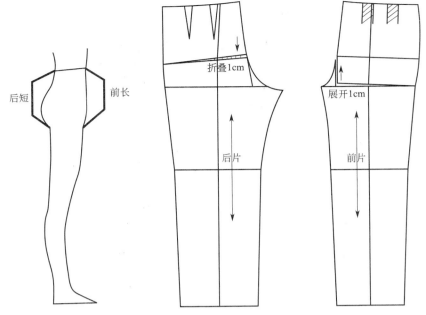

图 8-22　挺胸体裤子样板补正

三、驼背体型女西裤样板补正

驼背体的人与挺胸体相反，由于背部弯曲，身体前倾，使得裤子出现前立裆长而后立裆短的弊病。前片板型修正时，沿立裆深线剪开，向下折叠 1cm，缩短前长；后片则是剪开臀围线，展开 1cm，增加后长。1cm 只是一个举出的数据，具体的数值根据驼背的程度决定。驼背体裤子样板补正如图 8-23 所示。

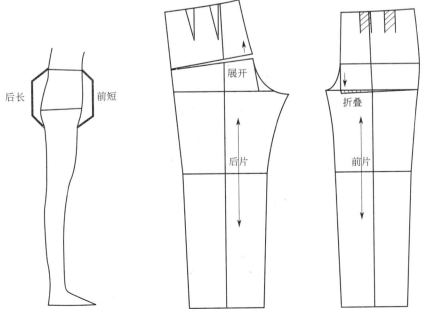

图 8-23　驼背体裤子样板补正

四、肥满体型女西裤样板补正

肥满体的人就是俗称的"大肚子"，腹部丰满，若是穿上标准体的裤子，前襟合不拢，后裆下堆，腹部紧绷，两侧有斜向褶皱。板型修正时，前片沿立裆深线剪开，在腹部最突出位置剪开三处，分别展开0.3cm，增加上裆的距离。腹部肥满的程度也决定了前片展开的大小，后片纸样不变。肥满体裤子样板补正如图8-24所示。

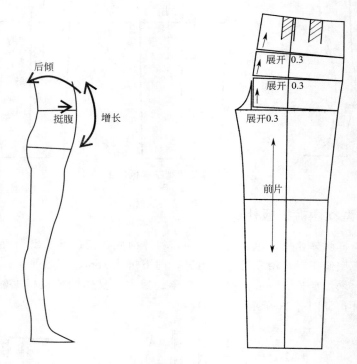

图8-24　肥满体裤子样板补正

五、平臀体型女西裤样板补正

该体型臀部扁平，肌肉不发达，一般较瘦高的人有这种体型，由于腰的中心轴稍微向后倾，穿着标准体裤子时，臀部下方有褶皱，后片松垂。板型修正时，前片不变，后裤片沿臀围线剪开，向下折叠0.3cm，缩短后裆长，后翘也相应减小，防止褶皱的出现，使之更合体。平臀体裤子样板补正如图8-25所示。

六、翘臀体型女西裤样板补正

该体形臀部肌肉发达，臀部突出，呈圆状，与腰形成明显的曲线，若是穿着标准体的裤子，后裤片会产生褶皱，臀围不足，后立裆也不足。板型形修正时，臀部的纵向、横向的余量都要增加。后片沿臀围线以及臀围线的中垂线剪开，分别向左、向右、向上展开0.5cm。展开量根据臀部挺翘的程度可以改变。翘臀体裤子样板补正如图8-26所示。

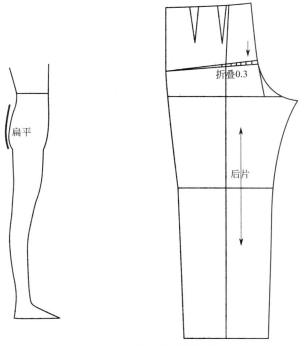

图 8-25　平臀体裤子样板补正

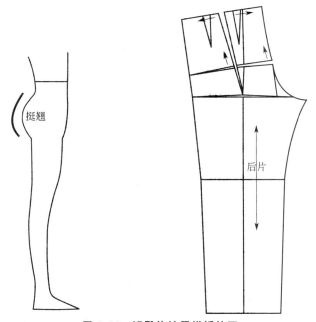

图 8-26　翘臀体裤子样板补正

七、O 形腿体型女西裤样板补正

O 形腿也称罗圈腿，特征是膝盖以下向内弯曲，形成 O 形，即下部并拢，中部张开，这类腿型是腿部变异的结果，直接影响裤型的美观。如果穿着标准体的裤子，裤中线不能正对鞋尖，而偏向外侧，同时外侧缝长度不够。

板型修正时，将前后片在横裆位置剪开，沿箭头方向展开 0.8cm，增加侧缝线的长度。O 形腿体裤子样板补正如图 8-27 所示。

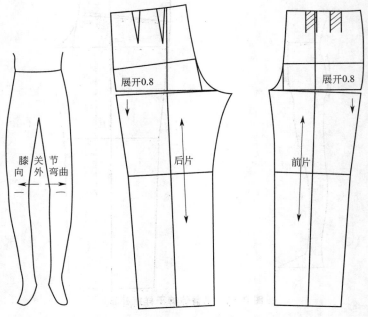

图 8-27　O 形腿体裤子样板补正

另一种膝部 O 形腿，膝部以下呈 O 形，罗圈程度较小，板型修正时，前后片都是在膝围线处剪开，沿箭头方向，向下移动 0.5cm，使得侧缝线增长，符合人体。上述的展开数据是根据罗圈的程度决定的，一般在 0.5～1cm 之间。膝部 O 形腿体样板补正如图 8-28 所示。

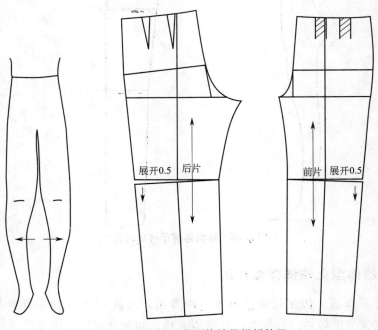

图 8-28　膝部 O 形腿体裤子样板补正

八、X形腿体型女西裤样板补正

X形腿也称外八腿、撇腿，特征是膝盖以下向外弯曲，形成X形。这类腿型可能会有**两种情况**：一种是膝部并拢，脚部张开；另一种是膝部正常，脚部向外岔开，穿着标准体的裤子时，裤中线偏向鞋尖的内侧，影响美观。

第一种情况板型修正时，将前后裤片在膝围线处剪开，沿箭头方向展开0.5cm，使整个脚口向外侧缝移动2cm左右。X形腿体1裤子样板补正如图8-29所示。

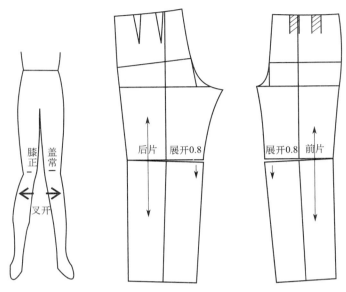

图 8-29 X形腿体1裤子样板补正

第二种情况板型修正时，在横裆线的位置处剪开，沿箭头方向向上折叠0.5cm，使脚口向外侧缝移动2cm左右。X形腿体2裤子样板补正如图8-30所示。

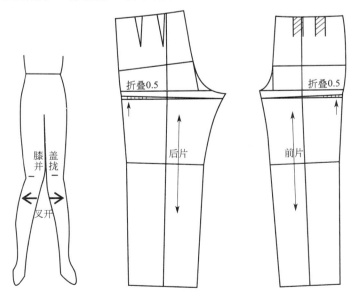

图 8-30 X形腿体2裤子样板补正

第三节　特体男西装的纸样补正

上面介绍了特殊体型女西装的纸样修正方法，基本上概括了特殊体型西装纸样修正的基本方法。但是由于体型上的个体差异，在纸样板型画样时难免会出现误差，所以此时应先对纸样进行细微调整，然后再进行样衣制作。下面以男西装为例介绍几种特殊体型西装的纸样调整方法。

一、挺胸体型的纸样调整方法

先量前胸与后背宽，算出前胸增加量与后背减少量，然后将前衣片竖向剪开，平移放出增加量，小肩宽做调整处理，后衣片折叠除去减少量。挺胸体调整后纸样如图 8-31 所示。

二、屈身体型的纸样调整方法

先量前胸宽、颈侧点至前胸节长度和背长，算出各部位减少与增加量，然后在前衣片小肩中点处做竖向折叠除去减少量，在胸围线处折叠减去多余量，后衣片在小肩中点起做竖向剪开后平移加放所需量，后背中缝与胸围相交处水平剪开后上移加放所需量，大袖从后侧缝上端剪开放出 0.5～0.6cm，小袖也以同样的方法加放。屈身体调整后纸样如图 8-32 所示。

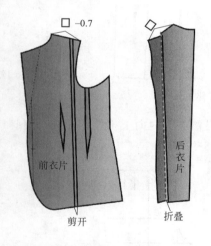

图 8-31　挺胸体调整后纸样

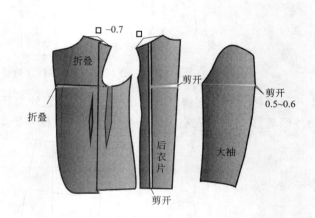

图 8-32　屈身体调整后纸样

三、驼背体型的纸样调整方法

后衣片纸样的背宽线处剪开，再按后背和袖窿的加放量上移。驼背体调整后纸样如图 8-33 所示。

四、扁平体型的纸样调整方法

后衣身纸样在背长部位要做缩减的调整，依背宽线折叠除去多余的量，因背长缩短后袖窿弧线变短，为了保持原有的袖窿弧线，必须将前衣片袖窿弧底部下移，使袖窿线加出相应的长度，前衣片衣长随后衣身缩短。扁平体调整前后纸样对比如图 8-34 所示。

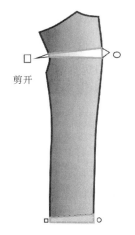

图 8-33　驼背体调整后纸样

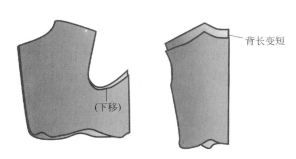

图 8-34　扁平体调整前后纸样对比

五、端肩体型的纸样调整方法

前后衣片纸样的肩斜要做上移的调整，将小肩部位剪开并上移，放出相应的量使肩斜缓和，袖窿弧线底部上提保持原有的袖窿弧长，衣袖缝合记号也要提高。标准体纸样如图 8-35所示。端肩体修正后纸样如图 8-36 所示。

图 8-35　标准体纸样

图 8-36　端肩体修正后纸样

六、溜肩体型的纸样调整方法

前后衣片纸样的肩斜要做下降的调整，小肩部位折叠缩减相应的量使肩斜加大，袖窿弧线底部下移，保持原有的袖窿弧线弧长，衣袖缝合记号也要降低。溜肩体调整前后纸样对比如图 8-37 所示。

图 8-37　溜肩体调整前后纸样对比

七、工艺补正

服装界常用"三分缝制，七分熨烫"来强调熨烫技术在缝制工艺过程中的地位和作用，对于西装的补正，裁剪上的纠正属于消极的补正，而积极的补正则是通过工艺技巧。服装中的归拔及熨烫是对服装进行立体塑型、造型的一项重要技术。

1. 归烫（归缩）

归烫是对衣片需要归缩熨烫的部位或弯弧线进行喷湿后，由里向外做弧形运行的熨烫。

2. 拔烫（拔开）

拔烫是对衣片预定部位或内凹弧线进行抻烫拔开的熨烫。

3. 推烫（推移）

推烫是伴随归烫或拔烫进行的，运用推移变位的熨烫技法，边归边推或边拔边推。

对西装进行修正时采用归拔及熨烫工艺技术是很必要的。归拔及熨烫是不可分割的技术，是一个整体，即归中有推、拔中有推，归拔结合，相互转化，相互促进。在前面的西裤、西装裙、女西装、男西装的纸样修正过程中，均不同程度地用到了归拔及熨烫工艺。如上衣后片的塑型、熨烫。在归烫袖窿、归烫后背上部的同时，将产生的胖势逐渐向胸部、肩胛骨推烫；在拔烫腰节凹势部位的同时，向背腰推烫；在归烫摆缝下部的同时，将胖势向臀部推烫，这样就产生了背部胖势、臀部丰满圆势的塑型效果。又如裤子后片的拔裆，是裤子立体塑型的重要熨烫技艺。在臀部进行拔烫的同时，必须对侧缝上部外凸弯弧线进行归拢缩烫，使弧线变直；在弧线归缩变直的同时，又必须边归边推，将弧线里侧经向丝缕产生的胖势向臀峰推进，使臀部胖势更加丰满，以符合人体曲线造型。

由此可见，归拔及熨烫技术的运用不但可以弥补设省和分割缝进行服装立体造型的缺陷，而且可以使服装线条流畅、平服、圆顺、自然，达到使服装符合人体、造型美观、穿着舒适的效果。

第四节　衡量西装是否合体的标准

一、服装的合体性

服装的合体性分为服装所具备的外观功能性和因外观给予人们主观感觉来判断的感觉性。从图 8-38 可以看出服装合体性的具体内容。

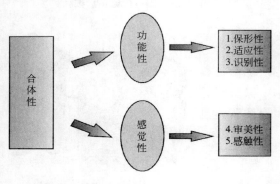

图 8-38　服装合体性分析

1. 保形性

服装的保形性即服装具有一定的保持外观整洁的性能。

2. 适应性

服装的适应性即服装具有适应穿着者动作的性能和生活的性能。

3. 识别性

服装的识别性即服装具有形态识别、数量识别、色彩识别、材料质量识别的能力。

4. 审美性

服装的审美性是以美的感觉来判断服装的合体性。服装的色彩、款式、合体性都反映了穿着者的个性审美观和爱好。

5. 感触性

服装的感触性决定了服装的舒适性，其中包括手感、吸湿性、重量、柔软性、光滑度、硬挺度、温暖性、滑腻感等。

二、西装的合体性

(一) 西装的种类及特点

1. 西装的种类

现代西装大致可以分为四种，即欧式、英式、美式和日式。

2. 各类西装的特点

欧式西装的主要特征是：上衣呈倒梯形，多为双排两粒扣式或双排六粒扣式，而且纽扣的位置较低。其衣领较宽，强调肩部与后摆，不太重视腰部。垫肩与袖窿较高，腰身中等，后摆无开衩。

英式西装的主要特征是：不刻意强调肩宽，而讲究穿在身上自然、贴身。它多为单排扣式，衣领是 V 形，并且较窄。它腰部略收，垫肩较薄，后摆两侧开衩。

美式西装的主要特征是：外观方方正正，穿着宽松舒适，较欧式西装稍短一些。肩部不加衬垫，因而被称为"肩部自然"式西装。其领型为宽度适中的 V 形，腰部宽大，后摆中间开衩，多为单排扣式。

日式西装的主要特征是：上衣的外形呈现为 H 形，既不过分强调肩部与腰部。垫肩不高，领子较短、较窄，不过分地收腰，后摆也不开衩，多为单排扣式。

(二) 体型与西装的选择

每个人都想拥有模特一般的身材，但现实情况总是不尽如人意。大多数人的身材都是不完美的，此时就需要根据个人体型上的特殊性正确对西装进行选择。

1. 上身长、下身短的体型

上衣不要太长；西装扣子的位置宜高不宜低；双排扣比单排扣好；不要搭配卷边型裤子；皮带与裤子同色。

2. 上身短、下身长的体型

上衣不要过短（欧式比较好）；西装扣子的位置宜低不宜高；单排扣比双排扣好；搭配卷边型裤子；皮带与上衣同一色系。

3. 身材比较瘦型

上衣选择有垫肩、双排扣的；选择横条纹比竖条纹理想；裤子宜选用略宽松型的。

4. 身材比较胖型

上衣选择自然肩型，单排扣或双排扣的扣子距离比较近为好；竖线条比横线条好；裤型宜选择裁剪得体的。

5. 脖子短型

上衣选择以低开领为佳；领型宜选择长领、尖领；不宜打宽领结。

6. 脖子长型

上衣选择高开领为佳；领型宜选择大开领、宽开领；可采用宽领带结。

三、合体西装的标准

西装是在全世界很流行的一种服装，它拥有开放适度的领部、宽阔舒展的肩部和略加收缩的腰部，造型典雅高贵，穿在身上显得风度翩翩，魅力十足。不过，有道是："西装一半在做，一半在穿"，我们在前一章中阐述了西装在"做"方面的内容后，要想使穿着的西装真正称心合意，接下来就要在"穿"的方面进行必要的论述。这样才可以被称为一件合体的西装。下面会从几个方面进行介绍。

（一）西装的整体标准

1. 面料

西装往往会充当正装或礼服之用，故此，其面料的选择应力求高档。在一般情况下，毛料应为西装首选的面料。具体而言，纯毛、纯羊绒的面料以及高比例含毛的毛涤混纺面料，皆可用作西装的面料，而不透气、不散热、发光发亮的各类化纤面料，则尽量不要用以制作西装。

我们可以注意到以高档毛料制作的西装，大都具有轻、薄、软、挺四个方面的特点。轻，指的是西装不重、不笨，穿在身上轻飘犹如丝绸。薄，指的是西装的面料单薄，而不过分地厚实。软，指的是西装穿起来柔软舒适，既合身，又不会给人以束缚挤压之感。挺，则指的是西装外表挺括雅观，不发皱，不松垮，不起泡。

2. 色彩

由于大多数人往往会将西装视作自己参加一些商务活动时所穿的制服，所以说西装的具体色彩须显得庄重、正统，而不过于轻浮和随便。为此，适合于这种在商务交往中所穿的西装的色彩，可以是藏蓝色、灰色或棕色。黑色的西装亦可予以考虑，不过它更适于在庄严而肃穆的礼仪性活动之中穿着。按照惯例，在正式场合下不宜穿色彩过于鲜艳或发光发亮的西装。

3. 图案

西装一般以无图案为好，这样穿起来会显得成熟而稳重。不要选择绘有花、鸟、虫、鱼、人等图案的西装，更不要自行在西装上绘制或刺绣图案、标志、字母、符号等。但是可以选择竖条纹的西装，竖条纹的西装，以条纹细密者为佳，以条纹粗阔者为劣。注意观察可以发现，在着装异常考究的欧洲国家里，商界男士最体面的西装，往往就是深灰色的条纹细密的竖条纹西装。

4. 款式造型

无论是洒脱大气的欧式西装与裁剪得体的英式西装，还是宽大飘逸的美式西装与贴身凝重的日式西装，需求者要根据自己的实际情况进行选择，务必要使西装穿起来大小合身，宽松适度。如果所穿的西装过大或是过小，过肥或是过瘦，在很大程度上是会损害其个人形象的。

5. 做工

一套名牌西装与一套普通西装的显著区别，往往在于前者的做工无可挑剔，而后者的做工则较为一般。对于西装的做工精良与否的问题，是万万不可以被忽略的。检查西装做工的好坏，可以从下述六点着手：一是要看其衬里是否外露，二是要看其衣袋是否对称，三是要看其纽扣是否缝牢，四是要看其表面是否起泡，五是要看其针脚是否均匀，六是要看其外观是否平整。

除了对上述西装的五个整体标准关注之外，我们还要了解西装有正装西装与休闲西装的区别。不同的场合穿着不同的西装，也就对西装的整体标准有着不同的要求。上面的五点是针对在正式场合中的正装西装而进行论述的，而休闲西装大都适合在非正式场合，穿着起来就比较随意了。简单来讲，休闲西装的面料可以是棉、麻、丝、皮，也可以是化纤及混纺类织物，它的色彩多半都是鲜艳、亮丽的色彩，并且多为浅色，它的款式，则强调宽松、舒适、自然，有时甚至可以以标新立异而见长。

（二）西装的穿着标准

1. 长度

（1）衣长　颈部至鞋跟的 1/2 处。

（2）袖长　至手腕处。

衬衫的袖长应比西装上衣袖子长出 1～2.5cm，这样可以用白色衬衫衬托出西装的美观，显得更活泼而有生气。衬衫的白领也应该高于西装领子，其露出部分应与袖口一致，以给人一种匀称感。

（3）裤长　裤脚接触脚背（注意鞋跟高度的影响，即测量裤长时一定要穿与之配套的皮鞋，而不能穿布鞋或拖鞋测量）。

（4）立裆长　裤带的鼻子正好通过胯骨上边。

（5）腰带长　腰带长度以不超过腰带扣 10cm 为标准。

2. 宽度

（1）上衣宽　上衣系上扣子后，稍有宽度，根据不同季节而异，但要注意腰线位置、垫肩宽度。

（2）裤腰围　系好扣子、拉上拉链后，插入一个手掌。

（3）臀围　裤带内不装入任何东西，符合身体尺寸。可以做下蹲动作或抬腿动作，动作自如则为合适。

参 考 文 献

[1]　王晓云，等 . 实用服装裁剪制板与样衣制作 . 北京：化学工业出版社，2012.

[2]　[日] 小野喜代司 . 日本女式成衣制板原理 . 赵明，王璐译 . 北京：中国青年出版社，2012.

[3]　张文斌 . 服装结构设计与疵病补正技术 . 北京：中国纺织出版社，1995.

[4]　李健丽 . 女上装结构设计 . 北京：中国纺织出版社，2011.

[5]　[英] 娜塔列 . 英国经典服装纸样设计（提高篇）. 刘驰，袁燕译 . 北京：中国纺织出版社，2000.

[6]　[英] 奥尔德里奇 . 英国经典服装版型 . 北京：中国纺织出版社，2003.

[7]　边菲 . 制服设计 . 上海：东华大学出版社，2010.

[8]　刘瑞璞 . 女装纸样设计原理与技巧 . 北京：中国纺织出版社，2000.

[9]　吕学海 . 服装结构制图 . 北京：中国纺织出版社，2002.

[10]　袁燕 . 服装纸样构成 . 北京：中国轻工业出版社，2001.

[11]　先梅 . 服装梅式原型直裁法讲座 . 北京：中国纺织出版社，2000.

[12]　文化服装学院 . 文化ファッション讲座 . 东京：日本文化出版局，1998.